张振祥/编著

逆商

让你快速摆脱困境
成就坚不可摧的自己

民主与建设出版社
·北京·

图书在版编目（CIP）数据

逆商．让你快速摆脱困境，成就坚不可摧的自己/
张振祥编著．—北京：民主与建设出版社，2021.6
（2023.4重印）
（人生智慧系列）
ISBN 978-7-5139-3532-6

Ⅰ.①逆… Ⅱ.①张… Ⅲ.①成功心理－通俗读物
Ⅳ.①B848.4-49

中国版本图书馆 CIP 数据核字（2021）第 085228 号

逆商．让你快速摆脱困境，成就坚不可摧的自己
NISHANGRANG NI KUAISU BAITUO KUNJINGCHENGJIU JIANBUKECUI DE ZIJI

编 著	张振祥	
责任编辑	王 颂	
封面设计	于 芳	
出版发行	民主与建设出版社有限责任公司	
电 话	（010）59417747 59419778	
社 址	北京市海淀区西三环中路 10 号望海楼 E 座 7 层	
邮 编	100142	
印 刷	三河市新科印务有限公司	
版 次	2021 年 6 月第 1 版	
印 次	2023 年 4 月第 2 次印刷	
开 本	880 毫米×1230 毫米 1/32	
印 张	21	
字 数	450 千字	
书 号	ISBN 978-7-5139-3532-6	
定 价	108.00 元（全三册）	

注：如有印、装质量问题，请与出版社联系。

前 言

作家余华说："中国的年轻人里面，优秀者很多，但能扛得住事儿的太少。"所谓能扛事儿，就是逆商，就是在面对挫折和困境时，能有担当。在这个时代，智商和情商一直被人提及，但很多人往往忽略了最为重要的逆商。实际上，人生多逆境，一个人能够走多远，能达到怎样的高度，拼的就是逆商。

新东方创始人俞敏洪曾经说过这样一句话："这个世界上能决定你未来的有三大要素：第一大要素叫作智商，第二大要素叫作情商，第三大要素叫作逆商。"在他看来，智商、情商与逆商的高低，决定了人生成就的大小、个人幸福感的高低。

人生不可能风平浪静，在这条路上我们不可避免地会遇到各种各样的逆境，遭遇各种意想不到的挫折和难题，没有人能例外，只是遇到的坎坷和曲折的程度大小不同而已。

在这条路上，我们也曾迷茫过，也曾心伤过，经历过大大小小的挫折和逆境，鲜血淋漓，有过彻骨的痛苦和记忆。所幸的是，我们毅然走在前行的路上，用自己的双脚走过青春，蹚过岁月或急或缓的河流，坚定地一路前行，不断经历种种，不断收获，不断向成熟靠近，仍然忠实于自己的内心，相信自己,也相信爱,相信人性的真诚与善美。

世界上只有一条道路是通向人类真正伟大的境界,那就是苦难。命运总是会在我们通往成功的道路上设下种种障碍,所以,我们的人生总是免不了要遭受到很多的伤痛。而人,只有在战胜了磨难之后,才能获得新生。

我们的人生,只有在接受了苦难、利用苦难之后,才能从苦难的胆汁中萃取人生的大智慧,才能在苦难的熔炉中锻造出不屈的精神!因为只有苦难才可以让我们学会心平气和,不急不怒;只有在苦难的考验下,我们才能仔细分析所处的境遇,才能厘清思路,顺利地渡过难关;只有苦难才可以让我们戒骄戒躁,看清鲜花丛中还夹杂着荆棘。很多人以为这辈子都不会找到真爱了,其实转角可能就遇到了;有不少人以为低迷和困苦会纠缠一生,其实峰回路转,阳光还在头顶。请相信,人这一生可以重生无数次,在生命的历程中我们会不断被打倒、撕裂、抽空,却又能恢复元气,坚定地站起,勇敢地前行。当我们走过了这些苦难,阅尽了世事,我们就会醒悟:即使我们的人生并不圆满,但是,我们仍然可以在逆境中获得快乐。

当你沉浸在伤痛中不能自拔,当你沉浸于悲伤中不能自已,当你沉浸在苦难中无法逃脱……请记住,生活中有阳光灿烂,也有凄风苦雨。当你遭遇了凄风苦雨,不生气、不自卑、不屈服,总有一天你会发现,所有的逆境,其实都是你曾经对自己的深爱,爱过了,才发现自己真正在逆商中走向成熟。

目 录

上篇 不生气

中篇 不自卑

第一章 心存善意，用炽热的心去温暖别人

播撒善良的种子

一个人所记忆中最明亮的光芒，往往不是晴朗日子夺目的阳光，而是在迷途的雨夜里那一点如豆的烛光。因此，行善本不需要如太阳一般的高调和耀眼，不如以月亮般温柔的方式，在最黑暗的夜里为人带去温柔的希望。

善意，是一种盲人可见、聋者可听的美好德行。这个世界上，有许多人需要你，你的一句话，可能会让他们的心情明媚起来；你的一个善举，可能改变他们的处境。或许，这种改变是潜移默化的，但是，请不要因此而放弃善意。甘地就曾经说过："你的善行多半是不显著的，但是，重要的是你做了。"

有一位年轻的教师，在地震时不顾自身安危指挥学生逃生。房屋垮塌的一瞬间他用尽最后的力气将还没逃出去的女学生推了出去，自己却被永远留在了教室里。虽然他

已不在人世了，但是他的善良却永远地留了下来，成为孩子们一辈子的幸福。

一位住在大山里的赤脚女医生，她只有一间四壁透风的竹楼，但那里却成了天下最温暖的医院；一副瘦弱的肩膀，担负起十里八乡的健康。她没有任何编制，不享受国家工资和待遇，但她却坚持肩负起附近2500多人的健康。她在接受采访时脸上洋溢的那种幸福的表情诠释了奉献可以给一个人的内心注入的力量。

这位教师和女医生都是平凡的人，他们如月亮般温柔的善举使得他们不再平凡，也使得他们的人生有了不同平常的黑夜中的银色光辉。

有一位国王仁慈爱民，凡是有人相求，他都尊崇民意，因此深得民众爱戴。

这一年，邻国大举侵犯，国王暗自思忖："两国交兵，由来已久，我若像父祖一样率兵出战，军民定会死伤很多，且冤冤相报何时了。邻国入侵的目的，无非是觊觎我国国土及王位，我何不让位于他，让干戈永远平息，而保住我国老百姓的性命呢？"

国王思虑完毕，修书昭告邻国国君："寡人可以让位，但不得骚扰我军民，对我军民应一视同仁。"

邻国国王读信后感到非常高兴，心想不费吹灰之力就打赢了这场仗，随后率军长驱直入。让位的这位国王先在城中听到消息，又听说对方自东门入，他便更换衣衫，打扮成平民，自西门出，遁迹于山林之中。

一天，有一个人经过此处，在山林中小憩，碰巧遇到了国王，于是两个人交谈起来。国王问此人："你从什么地方而来，又往什么地方去呢？"那人说："我自北方邻国来，听说这里的国王慷慨好施，而我贫穷不堪，所以特来乞些财物回去，以度余年。"

国王听了，感慨道："我就是你想找的国王，但你来迟了，我也已十分贫困，不能满足你的愿望了，很对不起你！"这人听罢，不胜懊丧，跺脚哭了，自怨命苦，不该跋涉千里而来。

国王见他这般状况，动了恻隐之心，把心一横，对他说道："你不用难过了。你既然千里迢迢求我而来，我虽然穷得一无所有，但我还是可以满足你的要求。"那人说："你已一无所有，你怎么能满足我的愿望呢？"国王说："我毕竟还是个退位的国王呀，新王必然在悬赏捉拿我。你可将我捆绑了，拿去献给新王，他一定会给你重赏的。"

这人出于贪婪，果然将国王捆绑起来，牵着他来到宫门。新王见此，不胜欢喜，询问这人是如何捕到国王的。这人便将实情告知："我不是捕到的，是他心甘情愿地要这么做的。"

新王听后感到十分惊讶，也甚为感动！他不损一兵一卒得此大片土地，虽然尽力安抚此国百姓，但臣民们仍想念旧王，关怀他的安全，每日流泪焚香祝祷，有的则避到山林组织反抗。

新王对旧王愿意让出王位与国土，本来已经深感惊异，今又听这人所说，越发敬佩旧王的盛德，感到国与国之间的确不可冤冤相报。于是，他离开国王的宝座，亲自下殿给旧王解绑。他郑重地说道："本王在你的面前，是个不光彩的低矮之人。你的行为教诲了我，现在我把王座仍旧让位于你。愿我们从今永息干戈，结束父祖仇恨，世世和好吧！"

国与国之间如此，人与人之间亦是如此。当我们做善人行善事，那么我们就会带给他人美好的感受，对方也便自然地回馈给我们同样的善意。即使没有得到相应的回馈，我们也会因为自己的付出而体会到内心的满足感。

人人皆平等，并不因为你伸手帮助别人就高人一等，月亮不会因为为你照亮回家的路就轻视你。同样，当你付出善心的同时，也要送出你的尊重，只有这样的善行，才是真正的心灵至善。

慷慨予人，也是帮助自己

善良，是一个人所有美好品德的基础。因为心地善良，所以懂得体恤别人，可以推己及人；因为慈悲，所以诚实、无私，相信世界的美好。这样的人，心中充满爱，待人充满善，生活中便也充满幸福。

善，是对别人苦难的感同身受，是看到别人幸福时的不妒和祝福，是遇到需要帮助之人时不计回报地施以援手，是以爱的眼光和胸怀来感受世界，来面对和回馈他人。善良的人，心里总带着对别人的体恤和慈悲，当世事不如所愿时，因为能体谅别人的难处，所以可以对不如意豁达接受；当别人遭遇苦难时，总会给予帮助，并从帮助别人中获得内心的快乐；当别人获得幸福时，也能胸怀宽广地给予祝福，并分享对方的快乐。如此，善良的人便获得了远比其他人更多的内心的快乐和满足。

忙碌的我们似乎越来越不快乐了，忧郁和孤独不断充斥着生活。我们为什么会忧郁，为什么会孤独？著名心理学家荣格的观点是："我的病人中大约三分之一都不是真的有病，而是由于他们只爱自己，只在乎自己的所得与所失，对周围的一切表现出冷淡、怠惰、不在乎、无所谓的态度。"

那么，我们应该如何做呢？不妨来看一个故事。

在暴风雨后的一个早晨，沙滩的浅水洼里有许多被暴风雨卷上岸来的小鱼。它们被困在浅水洼里，回不了大海了。用不了多久，浅水洼里的水就会被沙粒吸干、被太阳蒸干，这些小鱼都会被干死。

有一个小男孩走得很慢很慢，而且不停地在每一个水洼旁弯下腰去。他捡起水洼里的一条条小鱼，并且用力把它们扔入大海。太阳炙烤着沙滩，小男孩的汗水不停地流着，腰酸、胳膊痛，但他还是在不停地扔着小鱼。

有人忍不住走过去："孩子，这水洼里有这么多条小鱼，你救不过来的。"

"我知道。"小男孩头也不抬地回答。

"那你为什么还在扔？谁在乎呢？"

"这条小鱼在乎！"男孩一边回答，一边继续拾起一条小鱼扔进大海，"这条在乎，这条也在乎！还有这一条、这一条、这一条……"

在小男孩的心目中，每一条小鱼都是独立、完整的生命，都有获得同情、关爱和呵护的需要。尽管这么多小鱼他救不过来，可是对于被救的小鱼来说，新生不就意味着重新获得了整个世界吗？有什么理由不倾情相救呢？

善良的人可以带给别人快乐和幸福，又可以真诚地分享别人的快乐和幸福，于是，幸福就在这样的过程中加倍。没有人不喜欢和善良的人在一起，同样的事情，人们总是更愿意和善良的人结伴；同样的机遇，人们总是更愿意和善良的人分享。于是无形之中，善良便又带来了更多的回报。

善良的人做事不会吃亏。是的，就在这真诚的付出和分享之中，善良便得到了最高的嘉奖，那就是内心的满足与快乐。

在 20 世纪爆发的一场战争中，一名叫丽娜的普通家庭主妇从报纸上看到，参战的士兵因思念亲人倍感孤单、失落，作战士气极为消沉，于是她决定以亲人的身份给他们写信，收信人是"每一位参战的士兵"，落款一律是"最爱你们的人"。信的内容风趣幽默、关怀备至。直至战争结束，丽娜一共寄走了 600 多封信，她认为自己所做的一切不值一提。

日子一天天过去，转眼间战争结束已经快 10 年了。一天清晨，丽娜梳洗完毕要去上班，打开房门的一刹那，她惊呆了：门口笔直地站着一排排穿戴整齐的绅士。他们每人手里拿着一束玫瑰花，见到她簇拥了上来，齐声喊道："我们爱你，丽娜女士！"丽娜此时像万人追捧的明星，被鲜花和掌声包围住。

原来，在战争结束 10 周年之际，参战士兵联合会进行了"战争中我最难忘的事"的评选活动。所有收到信件的士兵至今都难以忘怀，在那艰难的岁月，这些信给了他们无穷的信心和勇气，于是他们决定找到写信人。通过寄出信的邮局，他们知道了丽娜的详细地址，相约来答谢这位伟大的女士。

丽娜的眼睛湿润了，她从没想过，一封封信件居然会让这些经历了战火纷飞、生离死别的老兵们念念不忘，此时的她是幸福的。

在别人遇到困难的时候，伸出自己的一双援助之手，既不会给自己造成多大的损失，还有可能会给自己带来意想不到的好运气，这便是积德为善的福报。或许我们暂时看不到自己的回报，可是终究有一天，我们会听到那响亮的爱的回声。

善有善德，恶有恶报。有的人吝啬自己的帮助，不肯施以援手，在自己需要帮助的时候，才追悔莫及。这就是佛家所说的因果报应。要想得善果，就一定要有善因。慷慨予人，也是帮助自己。

生活就像山谷回声，你付出什么，就得到什么；种下什么样的种子，就会收获什么样的果实。做善事的人不会吃亏，因为在他们每一次伸出援手的时候，他们都给世界也给自己播种下了最甜美的种子。

一句鼓励为别人带来希望

人是社会动物，而生活在社会中，就不可避免地受到别人态度的影响。我们每个人都需要得到别人的认可，来自别人的支持鼓励会让我们更加勇敢、更有力量，而面对别人的讥讽和嘲笑则会让我们的内心遭受痛苦和伤害，甚至心生绝望。你不是他人，你不知道自己并无恶意的玩笑什么时候会成为压在别人心上的最后一根稻草，什么时候自己一句平淡的鼓励就为别人带来希望和阳光。

澳大利亚人尼克·胡哲天生患有"海豹肢症"，也就是说，他生下来就没有四肢。为了像正常人一样生活，他付出了比常人多几倍的努力，才终于像同龄孩子一样进入了学校。

然而在学校里，他不得不面对其他人异样的眼光，以及别的孩子的讽刺捉弄。

他说，有一次，在经历了无比糟糕的一天后，他绝望了，他想自己已经做出了那么多艰苦的努力，承受了那么多痛苦，为什么还是得不到别人的认可；自己从来没做过伤害别人的事，没必要过这种受人歧视、受人欺负的日子。他当时在心里想："我受够了，如果今天再有一个人这样对我，我就放弃所有的努力，我就自杀。"

这时，身后响起一个女生的声音："尼克！"

他心想："这一刻要来就来吧，尽情羞辱我吧，明天我就不存在了。"

他转过身，却意外看到了一张和善的笑脸。那女孩对他说："你今天看起来好极了。"

很多年后，已经成家的尼克·胡哲说起这个瞬间依然不能自已。这个女生用最简单不过的一句鼓励，在那个灰暗的日子里救了他一命。

尼克·胡哲不能选择健康，但你却可以在面对他人时选择你的态度，是做那些羞辱伤害、将别人推向深渊的人，还是做那个用鼓励和喝彩挽救他人的人。

没有不需要球迷掌声的球队，没有不需要观众喝彩的演员。对一场处在逆境中的比赛，球迷不变的支持对球队就是最大的鼓励；对于为了台上的精彩默默练了几年、几十年功的演员，落幕时观众的认可就是对他们付出最大的回报。而对普通人来说，我们的日常生活工作就是我们的赛场、我们的舞台，我们也需要同样的鼓励、支持、赞赏。

不要吝惜自己的鼓励。在别人成功时，真心实意地为对方鼓掌，称赞一声"你很棒"；在别人消沉时，送上一句真诚的鼓励"没关系，相信你下次会更好"。在这样的掌声和鼓励中，人与人之间没有了苛责，没有了伤害，只剩下最真挚的相互欣赏、相互祝福。

也许你的一次鼓励并不会像故事中的女孩那样救下一条生命，可是，就在你的一次次掌声和鼓励声中，我们每个人所处的世界也逐渐成为更加宽容、更加善良的乐园。而每多一个这样的人，这个世界也就更美好一分。当所有的人都愿意带着鼓励的心真挚地为他人喝彩时，这个世界便充满了希望。

成人之美是一种气度和胸怀

子曰："君子成人之美，不成人之恶。小人反是。"君子成人之美，是因为君子有着与人为善的宽阔胸怀，能把别人的成功当成自己的成功，把别人的快乐当成自己的快乐。不成人之恶，则是因为君子爱人以德，不愿意看到别人遭受灾难，更不愿看到别人落水翻船的不幸。但小人却不然，他们总是喜欢成人之恶，不愿成人之美。

所以，成人之美是一种气度、一种胸怀，更是一种君子风范。

庄子曾讲过一个这样的故事，有个匠人对于斧子的运用极其精妙，舞起斧头来就像是一阵旋风。

匠人每次在表演绝技的时候，他的一位搭档就会在鼻子上涂上薄薄的一层石灰粉。当匠人一斧头劈下去时，搭档鼻子上的石灰粉就会被削去，但他的鼻子却完好无损。

庄子说这则寓言一方面固然显示了匠人的技艺高超，运斧成风，但是另一方面也不能忽视搭档的精妙配合以及奉献精神。试想如果没有搭档的协作，匠人何以练就这样一手绝活。

匠人也十分感激搭档。但在搭档去世后，匠人就再也找不到敢于与他配合的人了，毕竟这风险性太大。

宋代王安石有诗云："便恐世间无妙质，笔端从此罢挥斥。"匠人没有搭档的成全，人们便再也难以看到他的精彩表演了。

成人之美有时需要牺牲自己去成全别人的荣耀，心中没有爱和善的人，是无法做到的。

搭档的成人之美是基于他对匠人的认同、理解与欣赏，二者形成了心灵的相通，从而实现了生命的相互成全。当一个人以赞赏之心而成人之美时，他必然会获得一种人格魅力而令人倾倒，被成全的人更应有一颗感恩的心。

成人之美，往往舍自己之所得，助人于无声之中，它的确是一种高尚的品德。它需要有宽广的心胸、助人为乐的精神。对于患得患失、一切都要算计自己能得到多少好处的人来说，是很难做到成人之美的。自私的人永远体会不到成人之美的快乐，唯有有着君子胸怀的人才能用自己心中的爱与善去成就他人的圆满。

看过《大长今》的人除了记得长今的种种美德，也往往忘不了皇帝中宗成人之美的感人例子。

中宗事务繁重，常常忧心忡忡，善良的长今看到他这样，常常劝他敞开心扉，把内心的苦闷找朋友倾诉出来。中宗感动于长今的温柔善良和善解人意，又偶然得知长今就是多年前送酒给他让他念念不忘的小姑娘，更是对她产生了深深的爱意。以中宗贵为皇帝的身份，他完全可以命长今嫁给自己，但是当他得知长今和闵政浩相互之间心有爱慕时，心中感受到了深深的酸楚和痛苦。

然而中宗不愿勉强长今做任何事情，当他身患重病、身体每况愈下的时候，他秘密下令让内侍府的人将长今送到闵政浩被流放的地方，希望二人可以从此远走他乡，不再被朝廷中潜藏的各种危险所伤害。

作为一个男人，要拱手将自己心爱的女人让给他人谈何容易；作为一位高高在上的皇帝，不仗着自己的权势满足自己的私欲又是何等境界。而中宗正是因为有着宽容大度、成人之美的君子气度，才有了长今和闵政浩的终成眷属；而也是这份成人之美之心，成就了中宗自己的大境界。

成人之美，不是"却替他人做嫁衣"的无奈和不甘，而是"赠人玫瑰，手有余香"的欣慰和释然。它意味着舍自己之所得，去圆他人之心愿，与此同时，自己也因这无数的相助而涤荡了心灵，体会到一种更为难得、更为高贵的快乐。一个只懂得关注自己得失的自私之人是永远也体会不到这种内心的满足的，唯有有着君子的风度、君子的胸怀的人，才懂得成人之美这一举动中，蕴藏着无尽的美好与快慰。

用温热的心温暖别人

在鲁迅先生的小说《故乡》中，鲁迅回到故乡，再也找不到从前热闹的社戏，与自己友爱的小伙伴闰土，还有昔日本分寡言的豆腐西施，所有人都因生活的折磨变得冷漠，对昔日的温情产生隔阂，让他再也感觉不到故乡的温馨。

冷漠一旦成为一种习惯，就会蔓延。对人冷漠的人，对生命也会冷漠，植物和小动物激不起他们的爱心，只让他们觉得吵闹和麻烦。他们自然也不会去享受湖光山色，因为那不能给他们带来什么好处。

缺少了爱心，就对世界多了几分冷漠。冷漠首先是对人的无视和敌意。不论旁人对自己是好心还是恶意，都不去理会，也不去理解，只要完成自己的事，就不管其他人怎样。即使与人交流相处，也是维持恰当的友好，实质不过是互相利用与利益交换。冷漠的人最在乎利益，不能忍受旁人一丝一毫的侵犯，在这个前提下，他们越来越不讲情面，而且他们不觉得这是一个问题。即使别人对他们有好意，他们也会认为那些人有目的、有企图，冷漠完全扭曲了人与人相处的本质。

一群登山的人在半山腰，有个新手突然发现自己附近再也没有草根之类的东西可供攀援，心中大急，见附近刚好有一个同伴，这才放下心。可是，那个同伴根本没有帮他的意思，看了他几眼，自顾自地爬了上去，留下新手在原地干着急，孤立无援。最后，还是先登上山顶的人发现他的窘境，垂下绳索让他爬了上去。

到了顶峰后，新手听到领队训斥那个不肯施援手的队友："你为什么不伸手帮帮他呢？"

"他并没有求我，我为什么要帮他呢？"队友不解地问。

领队是个很讲究团队精神的人，他认为登山队的成员必须有互相帮助的意识，不然在困境之下很难同进同退。后来，领队将那个不主动帮助队友的人开除出了团队。

领队是不是小题大做？不是，在一个团队里，特别是在一个需要共同克服困难的团队里，队员之间的相互善意是友爱的基础。在困难中，如果每个人都只想着自己，对别人没有丝毫的善意，注意不到他人的困难，那么这个团队就是一盘散沙，平时可以一起走，关键时刻没有一丁点凝聚力。冷漠是会传染的，一个人自私、缺乏善意，其他人也会只为自己考虑，即使再优秀的团队也会因为队员间感情的淡漠最终变为散沙，所以，领队当机立断地开除了不主动帮助队友的队员，挽救了这个团队。

总有人感叹人情冷漠，其实该问问自己："我是不是对人有足够的善意？"当你看到一个陌生人需要帮助，你是会热情地问他需要什么，还是会本着"多一事不如少一事"的精神，置之不理？如果你都做不到善意待人，就没法去要求别人对自己不冷漠。有慧心的人不会冷漠，他们的智慧能够理解他人的苦闷与无助，也知道只有帮助他人，在需要的时候才会有人来帮自己。

克莱一直住在某个小镇上，他是一个贫穷的纺织工人。这天就要下班了，老板突然告诉他："我很抱歉这样说，厂子要裁员了。我想，等你织完了手头的这一匹布，明天就没有多少活要干了。”

下班后，克莱难过地走在街上，漫无目的地转悠着，他不知道自己明天应该干什么。他看到街上有几个孩子正在用棍子拨弄一只死麻雀。可怜的鸟儿是怎么死的呢？等孩子们散了以后，克莱走了过去，突然，他发现死鸟的喉咙里好像有什么东西鼓鼓的。他用随身携带的小刀在死鸟的喉咙里一搅。天哪！居然拖出了一个漂亮的金戒指！

这个戒指足够家里半年的开销了，但是克莱想到了丢戒指的人，心想对方一定在很着急地找这枚戒指。于是，他把金戒指攥在手里，一路小跑到镇上的珠宝店，问老板：“您知道这个金戒指是谁的吗？”

珠宝店老板拿起金戒指端详了一番，非常肯定地说道：“我当然知道，这是曼妮太太的。这枚金戒指是她上周从我店里买走的，当时她还特意要求我在戒指后面刻了一个‘M’的字母，你瞧！”

“曼妮太太不就是老板的妻子吗？”克莱马上跑到老板家，当面把金戒指归还给了曼妮太太。为了表示谢意，老板让克莱重新回来工作，还让他担任纺织厂的总管。克莱再也不用为生计发愁了。

一分耕耘一分收获，设身处地地为他人着想，为他人提供帮助，那么，他人也会在关键时刻为你着想。

善意是世界的阳光星空，是和风细雨，是百花盛放。

而冷漠的人生就像一片荒漠，尽管沙子还是热的，却寸草不生、了无生趣。想要融化这种冷漠，需要用善意焐热自己的内心，再用这颗温热的心去温暖别人。只有自己先踏出一步，当别人有需求的时候，无论他是否开口，只要有能力，就去帮帮忙，你只是多说一句话，多做一件小事，在别人那里，看到的却是你热情真诚的内心。要知道，当你用善意的微笑对待他人时，你的美好形象已经在他人心中生根。

懂得爱别人也要会爱自己

在繁忙的都市生活下，很多人似乎有一个通病，全身心去爱别人很容易，要多关心自己一下却很难。结果虽然身边人人提起自己都是交口称赞，自己却活得又累又疲倦。

人不仅要向他人奉献自己的爱，也应该多爱自己一点点。爱自己，不是自私自利，不是自我姑息，不是自我放纵，更不是夜郎自大的无知，而是源于对生命本身的崇尚和珍重。只有懂得爱自己，才能懂得爱的责任；因为只有多爱自己一点，才更有能力去爱别人；因为多爱自己一点，爱才会更有意义。

爱自己，首先要爱惜自己的身体，重视、珍惜、照顾好自己的身体，学会劳逸结合，不要因为工作而过度劳累，建立规律健康的生活习惯，保持健康的心理状态，定期进行健康检查有病及时治疗等。健康是人生的第一财富，有了健康的身心才有可能谈得上事业有成、家庭幸福，才能憧憬美好的未来。

王小蓓是一个十分温柔贤惠的女人，她认为一个好妻子就该做好贤内助。为了能尽量多陪陪先生和儿子，她将自己的个人活动都拒之门外，皮肤也不做保养了，化妆就更不用提了，甚至连个人兴趣都放弃了，除了上班就是在家围着先生和儿子转，精心打理家里的一切大小事情。去商场逛街，她满脑子想的是给老公孩子买什么，即使自己相中了某件衣服也都是犹豫片刻便跑到别处去了，因为这件衣服的价格足够给孩子买很多好吃的……她真是整个身心都扑在这个家里了。

可是，王小蓓的先生并没有珍惜她，他在外面有了其他的女人，他的理由是："她整日忙碌于家务，每天一副不修边幅、邋里邋遢的样子，而且一点兴趣爱好也没有，和她在一起很无聊，生活枯燥无味……"王小蓓做了多年的贤内助，耗光了自己的青春年华，最终等来的只是一纸离婚协议。她猛然发现，自己已经失去了很多。

综观身边那些不幸福的人，皆是他们不懂关爱自己、失去自我的缘故。这并不难理解，一个人若连自己都不爱，倾其所有，牺牲自我，这种爱会变得越来越卑微，别人又怎会瞧得起你，把你当回事呢？卑微是留不住人心的。

爱自己就是要自助，面对生活中的苦难和不幸，你首先要自己学会承担，自己拯救自己，尽全力替自己解围。不难想象，在人生中的某一时刻，你的身旁恰巧没有关心你、愿意倾听你心声的人，你是孤立无援的。如果傻傻地站在原地，等待别人的救助，那么只会让自己陷入痛苦的深渊，又岂会有幸福而言？

爱，要多给自己一点点。因为你很重要，你就是你能拥有的全部。你存在，才会感到整个世界存在。你看得到阳光，才会感到整个世界有阳光。正如一位哲人所说的："不要再等待别人来斟满自己的杯子，也不要一味地无私奉献。如果我们能多爱自己一点，先将自己面前的杯子斟满，心满意足地快乐了，自然就能将满溢的福杯分享给周围的人，也能快乐地接受别人的给予。"

一个老华侨在国外曾独自奋斗多年，如今终于决定回国与家人团聚了。在为他送行的晚宴上，有朋友问，这么多年感触最深的是什么？老华侨回答："凡事多爱自己一点！这么多年一个人在外，要不是凡事多爱自己一点，就走不到今天；要不是凡事多爱自己一点，家庭也不会这么美满。"

"这是不是有点自私？"朋友半开玩笑地问，因为在他看来，一个大男人担忧的应先是一家老小的安危，而他却是自己。

"不自私，"老华侨解释道，"家人在家乡遇到了无论是病还是灾，但身边有亲人，担忧是担忧，却总可转危为安。可我不同，异国他乡，要自己做好一切准备，为免于患。"老华侨顿了顿，接着说，"平时对身体好的食物我从来不吝啬，该吃就吃，每个星期日我都会做自己喜欢做的事情，将心中的不快排解出去。每年夏天我都给自己十天假期，去海边游泳，晒太阳，让自己彻底地全身心地放松。正因为这样，我的身体和精神状态一直很好，我可以好好地工作多赚些钱让家人生活得更好。"

老华侨确实应该多爱自己一点，因为他是一家人心中的那座山。如果他不爱惜自己，逼迫自己像陀螺一样不停地旋转、旋转，那么很可能会出现不同程度的身心之患，到时再多的金钱也是枉然。关爱自己，幸福一家人。

懂得去爱别人，也学会爱自己，懂得幸福是自己给创造出来的。这是我们需要学习的一门与幸福息息相关的课程！如果你觉得不够幸福，那么，就多给自己一点点爱，从现在开始先和自己谈恋爱吧！

懂得换位思考

人与人生长环境不同，受到的教育不同，年龄不同，性格不同，思维方式不同。对于同样一件事，有人看到了 A 面，有人看的是 B 面，还有人根本看不到这件事。因此，有人说 A 是解决方法，有人说 B 是问题出路，还有人根本不理这个茬儿，直接绕过这件事。你能说得清谁对谁错？不同的人看到不同的风景，能尊重别人眼中的风景，这个世界上人与人之间的争执就会少很多。

有时候他人对自己的心意就像你收到一件礼物，拆开包装，不一定是你喜欢的样式和颜色，也许你会气愤，为什么别人无法察觉你的脾气和喜好？那分明是显而易见的，一定是对方不肯动脑筋，不够用心。其实，这种想法冤枉了那些人。我们经常听到有人抱怨身边的人不理解自己，他们忘记身边的人不是他肚子里的蛔虫，知道他的每一个想法，他们也只能按照自己的考虑去理解、去关心。而享受到这种关心的人，即使与自己期望中的有差距，也只能在沟通方面多下功夫，而不该随意抱怨。

一个已婚女人对自己的母亲抱怨说，所有人都不理解她，丈夫嫌她唠叨，孩子说她多管闲事，就连单位同事都嫌她工作太积极，让大家不得不跟她一起积极表现，每周要多加一天的班。"难道我想让他别错过那单生意，让孩子抓紧复习物理，在工作上多做一点、得到更多的奖金有错吗？"

母亲说："你想的没错，但你不能要求别人一定要理解你，理解你并不是别人的义务。何况，你以为你是在为他们考虑，他们却有自己的考虑。你干涉了他们的计划，他们怎么能不对你有意见呢?"

"可我为他们的付出,他们难道看不到吗?"女人不甘心地问。

"他们看得到,所以才不忍心责备你,你要想想他们究竟需要什么,而不是给他们带去麻烦。你不理解他们,又怎么能要求他们理解你?"一席话说得女人哑口无言。

每个人都渴望他人对自己的理解,当自己的好心被人误解、不尊重,人们难免伤心抱怨。故事中的女人不明白尽心尽力地为他人着想,为大局着想,为什么换来的只是别人的嫌弃和不领情。女人的妈妈却说,有问题的不是别人,而是她自己的思维。

别人眼中有别样的风景,遇到想法不同时,不要急着否定别人,试着站在别人的角度想一想,体谅对方的难处和不易,理解对方的角度和立场,如此,才能建立起良好的人际关系。

在现实生活中,为了生存、为了竞争、为了自尊等原因,每个人都要为自己的利益努力,遇事首先要考虑的就是自己的利益。但为自己考虑并不意味着丝毫不为其他人考虑。恰恰相反,只有那些会为别人考虑的人,才能在困难时候得到大家的帮助,渡过难关。因为这个人的善良、友好已经被别人牢记,受过他的照顾,自然会想在他困难的时候报答他。

　　良好的人际关系不仅能帮助自己成长，渡过各种难关，还是开拓事业的助力、幸福生活的保障。在事业上，人缘儿好可以让人得到各种各样的信息和资源，通过朋友结识朋友；在生活上，愉悦的人际关系能够减少摩擦，保证自己做事更加顺利。越来越多的人开始重视人际关系，人们发现想要改善人际关系并不困难，关键在于你会不会从别人的角度出发，看看别人看到的风景。

　　几个老同学在酒店吃饭喝酒，气氛很热闹。其中一个最近刚刚做成了一笔生意，得意地向朋友们吹嘘。在座其他人难免附和着吹捧他，只有一个人脸色不太好看，喝了几杯就找个借口告辞了。

　　那个人走后，其他朋友忍不住说："都是老同学，我们说话不用客套，老高最近生意不好，欠了一大笔债，你怎么能在这个时候对他说你生意好？"

　　尽管人们总是强调人与人之间应该互相体谅，但常常一高兴就忘记了旁人的心情，一不注意就伤害了别人的自尊。当你看到的是一片即将丰收的金黄色麦田时，你可想到，旁人看到的却是一片凄凉之景？

　　如果每个人都懂得换位思考，愿意站在别人的角度考虑问题，就算不能对别人有所帮助，也能让自己更了解他人，更了解问题的所在，不致因偏见发生错误，因误会产生不和。换位思考是改善人际关系的第一步，也是最有效的方法。

与人相处时，我们需要尽量抛除偏见和不满，努力站在他人的立场，想想他人的需要，在这个基础上，语言就会更温和，态度也会更友好，有时候会放弃自己的一点利益成全别人。就像一位名人所说："为你赢得成就的不是你的成功，而是你为别人做了什么和你那颗善良的心。"

第二章　懂得沉稳，才能让躁动的心安静下来

人还是稳健一点好

我们常用坚若磐石、稳若泰山来形容一个人不可动摇的意志，那么磐石和泰山为何如此坚实稳固呢？它们为何历经风霜雨雪的侵蚀，饱受岁月的磨砺，依旧能岿然不动？主要是因为它们根基足够稳固，有了稳定的根基，便永远都不会轰然倒下。其实人也一样，一个人若是静下来，拥有沉稳的个性和坚不可摧的意志，那么无论经历多少风浪都不会被撼动。

不可否认的是，能静下来，历经起起落落，依旧稳若泰山的人，都是饱经忧患之人。少不更事的年轻人是很难做到这一点的。年轻和激进常常被捆绑在一起，很多人认为，谁没有过狂热激进的青葱岁月，谁就没有过青春。当然激进有激进的好处，比如敢于冒险，敢于大跨步探索，可是激进也有副作用，比如不假思索地做出激进的举动之

后，蒙受了巨大的物质损失或是遭受了沉重的精神打击。无知无畏状态下的激进，有时会把人带入万劫不复的深渊。

坦白来说，人还是稳健一点好，稳健意味着可控性增强，意味着能以平和的心态应对一切挑战。人的成长就是一个由激进到稳健的过程。每个人青春年少的时候，都有过一段激进的岁月，不知道天高地厚，以为整个世界都在自己脚下，等到跌倒无数次爬起无数次之后，心态就会平和许多，行为也会收敛很多，这是时间、阅历送给我们最好的礼物。

李璐从小就渴望走出封闭的小县城，看看外面的世界。长大之后，他如愿以偿地走了出去，却再也找不到回家的路。自从来到繁华的大都市，他就彻底迷失了。他不甘心永远这么不名一文，每天都在想该如何快速地出人头地。他想靠学历找一份四平八稳的工作或是靠卖力气打工都不是长久之计，只有不计后果地疯狂折腾，才能搏出属于自己的天地。天底下到处都是穷困潦倒的高学历人才，到处都是默默无闻的打工者，这些人永远都不可能有出头的机会。作为一个来自小县城的普通青年，他要想拥有属于自己的事业，属于自己的房车，必须走创业这条路。

李璐认为他一无所有、一无所长，除了思想激进，什么都敢尝试外，几乎没有任何优势。除了自主创业，他想不出更好的发展方向。他的朋友吴俊达也打算创业，想要筹资开一家餐厅。虽然都想创业，两人的想法却截然不同。吴俊达采取的是稳健保守的策略，计划先到餐厅打工，把各个流程全部熟悉之后，再尝试自己开餐厅。李璐不认可他的想法："等你把各环节弄清楚了，黄花菜都凉了，你为什么不一边创业一边积累经验呢？"吴俊达："我觉得先了解情况再创业比较稳妥，免得日后走弯路，什么都不懂就上手蛮干，不知要做多少蠢事呢。"

李璐说："这也难怪，你比我大八岁，人比较老成，做事趋于保守，喜欢稳扎稳打。我和你不一样，我没有耐心等到万事俱备再行动，没有条件我自己创造条件也要上，就算创造不出条件我也要上，我没有那么多时间去等待，必须马上大干一场，赢要赢得轰轰烈烈，输也要输得痛痛快快。"

就这样，吴俊达利用打工时间摸索开餐厅的道路时，李璐已经开始放手大干了，他将父母二十多年的积蓄悉数拿来作为创业资金。在市中心的繁华地段开设了一家高档时装店。他以为仅凭借一腔热情和不惜一切的蛮干精神，就能换来事业的成功。然而事实却不容乐观，刚开业的时候。由于竞争激烈，他的生意并不好。服装店盈利能力比较差，店铺租金贵，服装进货成本高，几乎月月亏损，不到半年就歇业了。

第一次创业，李璐血本无归，瞬间陷入了贫困潦倒的境地，不得不住地下室、吃盒饭，日子过得凄凄惨惨。有一天他在地下室里观看新版《三国演义》，播放的内容是诸葛亮最后一次出祁山，设下埋伏将司马懿父子围困在山谷中，眼看就要把劲敌烧死了，孰料忽然天降大雨，使得一切的计划功亏一篑。诸葛亮仰天长叹："天不助我，助尔曹！"看到这里，李璐不禁涕泪横流，霎时把自己创业失败的经历和诸葛亮的壮志未酬联系到了一起。他想一个人纵使再有本事，若是时运不济，一样会输得很惨。

当他把这份心得分享给好朋友吴俊达的时候，吴俊达不以为然地说："这和时运没有什么关系，你太冒进了，做事欠缺考量，这才是你创业失败的原因。"一年之后，李璐仍然待在地下室里吃盒饭，吴俊达的餐厅开业了，生意非常火爆。李璐这才相信吴俊达一再强调的稳健策略，不再为自己的失败做任何辩解了。

任何时候，都保持"八风吹不动"的稳重，是一个人成就大事的法宝，人只有静下来，才能静得下心，安心把事情做好。比起躁动不安，心如止水更有助于我们做出正确的决策。人唯有拥有平和宁静的心态，才能稳步前进，一步一个脚印地走向人生之巅。

要做到临危不乱

明代有个叫吕得胜的人说："一切言动，都要安详；十差九错，只为慌张。"意思是人在慌乱的情况下，往往错漏百出，诸事不成，唯有静下来，冷静镇定，方能使事态向有利的方向发展。可见一个人能不能经受住考验，日后能否有所造就，要看他关键时刻，能不能稳住阵脚、随机应变。

面对突发事件和紧急情况，你是否能静下来，做到临危不乱呢？怕是大多数人都做不到这一点。有的人遇到一点小事就慌慌张张，不知所措，仿佛世界末日来临了一样，遭遇重大变故，当然更慌乱了，根本就无法应对危机。很多时候，打败你的不是突如其来的变故，也不是从天而降的危机，而是你的紧张和慌乱。心越慌，你越想不出应对之策，越着急步伐越凌乱，反而会使问题更加复杂化。

费鸿和胡睿在同一家集团公司上班，两人都已人到中年，好不容易熬到了中层管理者的位置，收入到了中产水平。孰料天有不测风云，公司发展进入了瓶颈，眼看就要被收购了。老板一边积极寻找投资人，希望能力挽狂澜；一边做好了最坏的打算，四处寻找买主。那段时间公司里人心惶惶，四处弥漫着一股紧张压抑的气息，费鸿仿佛什么事情也没发生似的，照常上下班，胡睿则慌了神，整天心绪烦乱，根本没有心情做任何事了。

终于有一天，老板正式宣布公司将被竞争对手全盘收购，届时免不了要经历改组、裁员的阵痛，希望大家不要太过慌乱，只要是人才经过大浪淘沙的筛选之后，都能留下来。胡睿心想：竞争对手的老板只信任企业内部的核心员工，根本不可能重用原来的领导层，他铁定是要被裁掉了。一想到人到中年还要到人才市场上找工作，他就心烦不已，觉得以他现在这个年龄，找到理想工作的概率几乎为零。为了保住饭碗，胡睿费尽了心思，平时邋里邋遢的，现在忽然讲究起来，把自己装扮成了西装革履的商务人士，他极力想给新老板留下一个好印象。

两个月后，大规模的裁员开始了，下岗的人越来越多，办公室越来越宽敞，氛围越来越冷清。很多员工都跳槽了，留下来的人暂时没有更好的去向，大部分持观望态度，随时准备离开。胡睿心想不到万不得已，他是不准备离开的，他已经过了黄金年龄了，如今仍处在不上不下的尴尬位置，若是再换一个天地怕是很难适应了。每当看到同事被解雇，收拾东西黯然离开的时候，胡睿的心情都无比复杂，他在庆幸之余，又感到分外紧张，生怕下一个轮到自己。

胡睿每天提心吊胆、心神不宁，每每看到别人离去，心中都会生出一种兔死狐悲的悲怆感，作为旁观者，他受了不少打击，整个人都憔悴下来。他不明白费鸿为何还能如此镇定地继续做事，于是就在午餐时间直言不讳地问道："你为什么仿佛置身事外似的，一点也不关心周围的情况，难道你不担心自己被裁掉吗？"费鸿不动声色地说："担心有什么用呢？我们现在唯一能做的就是在一天就做好一天的工作，其他的交给老天吧。""你冷静得可怕。真是太让人难以理解了。你我基本上算同龄人，咱们都不年轻了，现在到人才市场上竞聘，一点优势也没有。我真搞不懂，都到火烧眉毛的时刻了，你为什么还那么淡定？"胡睿问。"不淡定又能如何呢？你慌里慌张就能成功渡过难关吗？人只有在冷静的状态下，才能想出更好的法子啊。"费鸿说。"你一直都挺冷静的，想出什么法子没有？"胡睿试探着问。

"我想我们应该好好表现，让新老板看到我们的价值，争取留下来。"费鸿说。对于胡睿来说，这是条无效建议，他的心思早就不在工作上了，整天都在为不可预测的未来担忧。他猜测得没错，新老板一来，公司的领导层就实现了大换血，原来的中高层几乎全被裁掉了，他本人也下岗了，只有费鸿被保留了下来。原来新老板在接手公司之前，派了不少工作人员混迹于组织内部观察情况，所有人都一致认为，费鸿面对危机，处变不惊，是干大事的料，故费鸿成了唯一保留下来的管理人员，并被当作了重点培养的对象。

每临大事有静气，是一个成功者必备的素质。一个沉着冷静的人，在危难到来时，往往能急中生智，做出惊人之举。美国的萨利机长在两台引擎同时熄火，发动机完全失灵的情况下，将飞机成功迫降到哈德逊河河面上，避免了空难悲剧的发生，机上155名乘客和工作人员全部生还，这是飞行史上的奇迹。面对存亡攸关的大事，少有人能像萨利机长那样处变不惊，继续保持原有的理智和从容，所以能转危为安、逢凶化吉的人，自古以来就寥若晨星。这也许就是平庸者众卓越者少的根本原因吧。

能忍也是一种能力

一个人要想有所作为，必须有韧性有耐力，能够忍受别人所不能忍之痛，承受生命所不能承受之重，关键时刻能咬紧牙关、静下来，以超乎想象的毅力战胜一切苦厄。能忍也是一种能力，正所谓仁者无敌，河蚌忍受了沙粒的磨砺之苦，孕育出了光彩夺目的珍珠；生铁忍受了千锤万凿的锤打和炼火的锻烧，才成为寒光凛冽的锋利宝剑；蝉忍受了不见天日的黑暗，才拥有了短短几十天的光明，谱写出了生命最美的赞歌。人亦如此，唯有在隐忍中奋进，不抛弃不放弃，才能走向胜利的终点。

当你身无所依，一无所有，没有任何资本的时候，唯一可依仗的就是忍功，前方的道路不可能铺满鲜花，倒可能布满荆棘；你的脚下没有坦途，只有坎坷崎岖的羊肠小道，稍不留神就有可能迷失；这一路没有掌声、笑声相伴，却可能遭遇不少非议和白眼。这些遭遇都是不可避免的。没有人可以随随便便改写命运，想要有所成就，就必须静下来，受得住煎熬，禁得住考验，能够把苦难孕育出果实。

刘宏裕和王炎斌从小在同一个街区长大，前者出身商贾世家，自幼锦衣玉食，所有的路都被父母安排好了，自己用不着奋斗，就已经有了很高的起点；后者家境贫寒，十岁时，母亲到大城市打工，从此再也没有回来，他和父亲相依为命，日子过得十分清苦，勉勉强强读完了大学，毕业之后找到了一份普普通通的工作，成了办公室里的一名小职员，所得的薪水勉强够糊口。

刘宏裕曾经问王炎斌："这些年你是怎么熬过来的？没有母亲的陪伴，没有一个完整的家，家里又那么穷，毕业之后又找不到好工作，未来一点希望都没有。如果我是你，非疯掉不可。"王炎斌淡淡地笑笑说："我也没有什么法子，就这样咬牙熬过来了。除了忍耐力强以外，我没有别的本事。"刘宏裕说："忍算什么本事。能不忍就不忍。人本来就是趋乐避苦的，谁愿意甘心忍受痛苦呢？我只想随心所欲地活着，避开一切我不想要承受的事。"王炎斌叹息着说："也许你有那样的条件，但我没有。我唯有把自己磨砺得更顽强，才能更好地活着。"

按常理说，刘宏裕未来的发展要比王炎斌强得多，可事实并不是这样。刘宏裕由于从小到大从未经历过挫折，承受能力特别差，遇到一点困难就退缩，导致长期止步不前。后来他的父亲做生意折了本，没有能力再为他提供任何援助了，他只能靠自己了。他的老板由于和他的父亲存在生意上的往来，一直对他照顾有加，如今两人合作关系终止，老板对他的态度越来越差，随时都有可能将他赶出公司。刘宏裕气不过，一怒之下便辞职了，本想回到家族企业工作，不料父亲却不允许，理由是家族企业已经在走下坡路了，也许坚持不了多久就会破产。父亲鼓励他自谋出路，他委屈痛苦之极："我不想灰头土脸地找工作，不想像货物一样被人挑选，那样的日子我过不了。"此后的日子，他每天借酒消愁，成了人人所不齿的酒鬼。

王炎斌经过数年的奋斗，由一个默默无闻的小职员晋升到了管理层，生活得到了极大的改善。有一天他在街上偶然遇到了失魂落魄的刘宏裕，看到对方颓废到那般境地，不由得感到难过。刘宏裕感慨道："想不到你小子熬出头了，而我却落魄到了这般地步，嗨，这真是造化弄人啊。我不像你，能够在逆境中倔强生存，什么苦都能吃，我不行，我从小就是在蜜罐里泡大的，经不起风吹雨打，我想这辈子也就这样了吧，我怕是永远也振作不起来了。"王炎斌安慰他说："不要那么悲观，糟糕的日子咬咬牙就过去了，有道是否极泰来，只要你不放弃自己，随时都可以从头再来。"刘宏裕没有那么乐观，他太了解自己了，如今他不再对未来抱任何希望，只想把所有的烦恼溺死在酒精中。

陷入逆境，不能冷静，不愿忍受磨砺之苦，永远不能蜕变成长。要想挣脱生命的枷锁，扼住命运的咽喉，就不能任由自己软弱，要有咬碎钢牙和血吞的决绝，敢于砸碎束缚住自己的铁链，在绝望中寻找希望，在逆境中寻找新的契机，愿意奋战到底，直至取得最后的胜利。

有的人认为只有命歹的人才需要历经艰难困苦，奋斗不息，条件优越的人来到这个世界上就是为了享乐，根本不用承受磨难，何必自讨苦吃呢？这种观点显然太过偏颇了，没有人生来就该受苦，也没有人生来就该享福，条件再好，同样也要忍受生老病死之苦，人生既有顺遂之时，也有失意之时，谁又能轻轻松松潇洒一辈子？你只有练就了坚忍的品行，能忍别人所不能忍，才能成功渡过一个又一个难关，到达常人所不能到达的高度。

身有静气才不会与人争斗

有人认为只要有竞争存在，人与人之间就注定要斗争不休，因为竞争的本质就是利益的争夺，狭路相逢勇者胜，谁能笑到最后，谁就能成为最大的赢家，获得更好的生活。故人与人之间的争斗是古往今来必有的剧目。那么事实果真如此吗？只有参与争斗，才能保障自己利益不受损，才能赢得更加美好的生活吗？

当然不是。但凡静下来的人，都不会相信这样的观点，是否卷入纷争，参与各种争斗，完全是你自己的选择，你若不喜欢与人争，没有人会逼迫你那么做。人之所以喜欢钩心斗角，是因为自己不能冷静，并非被环境所迫。身有静气，能够静下来的人，通常不屑与人相斗，其心境就像那首小诗里描述的那样："我和谁都不争，和谁争我都不屑。"不争不斗，是一种境界，更是一种智慧，唯有放弃无聊的明争暗斗，方能专注笃定，把事情做到极致。事实上热衷于争斗的人，大多成不了大器，因为他们把过多的精力放在了惹是生非上，没有心思静下心来做事。与人争斗是一件非常劳神费心的事，它会吸走你大部分的精力，让你力不从心，所以任何领域的顶尖人物都不可能是热衷于争斗的人，他们忙正事都忙不过来，哪儿有时间耍弄心机呢？

胡嘉月是一个非常独特的女子，在人们固有的印象里，所有业绩好的销售人员都热衷于鼓弄三寸不烂之舌，气势咄咄逼人，推销产品时常不自觉地流露出侵略性和紧迫感，不给客户留余地，急着催促别人下单。胡嘉月却不是这样，她娴静得体，没有任何攻击性和侵略性，说话语调平缓，丝毫听不出急切的感觉，然而就是这样一个安静斯文的姑娘，销售业绩一直都是最突出的。每月月末总结的时候，胡嘉月都遥遥领先。

胡嘉月气质宁静，没有争斗意识，她从未把谈生意当成唇枪舌剑的战争，只想着把好的产品好的服务提供给客户，让双方达成共赢。对外她的态度是这样，对内也是这样。在销售部，业务员经常为了争抢大客户而斗得头破血流。客户的潜力和财力，直接决定业务员的业绩和收益，在事关利益的问题上。大家全都互不相让，内部争抢订单的事情时有发生，这就造成了很大的内耗。胡嘉月从来就不参与纷争，假如上级没有把好的客户分配给她，她就自己主动开发新客户，因此从未与人起过争执。当齐娜叉着腰向主管告状，说胡嘉月抢了她的客户时，主管根本就不相信。齐娜非常生气，气势汹汹地说："那个客户是我最早接触的，如果不是胡嘉月半路杀出来，我早就把订单签下了，她这样做太不地道了。"主管说："既然你最先接触了这名客户，率先与客户签订订单的人应该是你，而不该是别人，客户宁愿跟最近接触的人签单，也不愿与你签单，这说明你工作方法有问题。"

"这怎么能怪我呢？明明是胡嘉月抢单。"齐娜气得脸都扭曲了，嚷嚷着要跟胡嘉月对质。为了息事宁人，主管只好把胡嘉月找来问明情况。胡嘉月说："客户从未在我面前提过齐娜的名字，我不知道她事先跟客户接触过，若是知道，绝对不会跟单的，这是我做事的原则。现在既然客户已经签单了，我们就不能毁约了，理应给人家发货。为了保障客户的权益以及部门的利益，我们应该遵照合约办事。既然这个客户是齐娜的，那么就让她继续为这位客户服务好了，我不会计较的，业绩算在齐娜头上吧。"

胡嘉月的深明大义令主管分外感动，后来她主动给胡嘉月介绍了几个客户，算是对她的一种补偿。胡嘉月并没有因为让出一个客户而吃大亏，反而有了更多的收获。齐娜没能凭借自己的诚意和口才打动客户，却平白得了一单，表面看上去是占足了便宜，其实不然，她失去的远远比她得到的要多。她没有把精力放在提升自身业务水平上，过于热衷于投机取巧和钩心斗角，能力一点长进也没有，业绩始终不上不下。为了多签几个订单，她用尽了心思，有时故意把谈不下来的客户让给同事，事后又责怪对方抢单，利用各种手段逼迫对方跟自己平分提成。尽管机关算尽，她的业绩还是远远落后于胡嘉月，所得的不过是蝇头小利罢了。

能成就你的，永远不会是那些明争暗斗的伎俩，与其浪费时间争斗，不如花精力完善自身，多做一些更有意义的事。其实你最大的敌人是自己，而不是别人，战胜自我，完善自我，努力做到更好，你就自然而然成了技压群雄的强者，根本就不需要把任何人绊倒。

叫得响亮不如做得漂亮

仔细观察你会发现，大张旗鼓高喊口号的人，往往雷声大雨点小，做不出什么成绩，而静下来、不动声色，喜欢默默发力的人才是真正的狠角色，常能给人带来意想不到的惊喜，真可谓是不鸣则已，一鸣必惊人。这足以说明叫得响亮不如做得漂亮，越爱叫嚣的人往往会越早偃旗息鼓，从不发声的人，一旦发声必能石破天惊。

人们之所以热衷于四处宣扬到处叫嚣，其实是因为自己心里没底，既想通过这种方式为自己打气，又想让别人羡慕自己有理想有目标，心态无比矛盾。生活中，我们常看到有人一次又一次信誓旦旦高喊着："我一定要顺利通过职业资格考试，我一定要找到光鲜体面的工作，我一定要减肥瘦身，以最美的形象迎接更加美好的生活……"最后，一个目标也没实现，似乎这些热血激昂的话只是说给别人听的。而真正静下来的人，不纠结不矛盾，在不声不响的状态下，就把所有的目标实现了。

有人说，上等人喜欢不动声色干大事，心稳步稳；中等人喜欢边说边做，表现中规中矩；下等人吵吵闹闹不做事，只有嘴上功夫。一个人要想有一番作为，必须效法上等人，静下来，稳住心，在事情没做成之前，不急于到处宣扬。事成之后，无须宣扬，天下皆知。

刘家豪和赵溥是毕业于同一所高校的年轻人，供职于同一家企业，收入基本在一个水平线上，两个人经常聚在一起畅谈人生。刘家豪说："我受够了城郊结合部的出租屋了，那种鸟不拉屎的地方在地图上都找不到，环境脏乱差不说，治安也不好。平时我都不好意思告诉别人我的住址，免得对方想太多。我发誓在 30 岁之前，一定要出人头地，成为成功人士，要有自己的事业，要有一所像样的大房子，要娶最漂亮的女人为妻，要让天下所有男人嫉妒我羡慕我。"

赵溥很少开口谈目标谈理想，他说的最多的只是一般性的人生感悟而已。他不是那种喜欢喊口号的人，因为他认为实干要比喊口号有用。其实他又何尝不想有自己的家呢？为了在大都市里立足，他付出了常人无法想象的努力。刚毕业的时候，由于缺乏相关经验，他不得不从基层干起，那时苦活累活他全都要做，论专业能力和技术水平，他也许不是最棒的，公司里有大把大把的人才，在人才堆里，他一点也不起眼，可是在人才济济的公司里，他确实最踏实最努力，比任何人都敬业。作为北漂一族，他最大的梦想就是能安定下来，在辛苦打拼的城市买下一个安居之所。那时他一边辛苦工作，一边利用业余时间读硕士，压力非常大，很怕自己坚持不下去，不过他并没有像好友刘家豪一样到处宣讲自己的梦想。

转眼五年过去了，刘家豪依然待在出租屋里，生活没有太大的改变，每次朋友聚会，他依然热衷于发表各种人生宣言，不经意间便能说出几句令人热血沸腾的豪言壮语，朋友都听腻了，时常打趣他："你真是光说不练，这么多年过去了，口号你已经喊过上百遍了，现在不还是老样子吗？"刘家豪不以为意："别扫兴好不好，不能让我过过嘴瘾吗？"谁都没有想到平时不声不响的赵溥，居然第一个买了房子，第一个娶了太太，这个结果着实令所有人大跌眼镜。

"这真是真人不露相啊。"朋友纷纷感叹道。有人提议："什么时候请我们到家中做做客，顺便拜见一下嫂夫人。"到了周末，刘家豪随好友一同参观了赵溥的家，房子并不大，装修得也不豪华，但布置得非常温馨，窗台上摆满了花卉，墙上挂了不少意趣盎然、境界悠远的字画，女主人娴静优雅，既能操持家务，烧得一手好菜，扮演好贤内助的角色，又能为男人出谋划策，成为成功男人背后的女人。在她的激励下，赵溥从一名基层职员成长为部门经理，人生迈向了新台阶。

刘家豪感慨万千地说："我当年的梦想，怎么全被你小子给实现了呢？这真是巨大的讽刺啊，我天天挂在嘴上的目标，一个也没落到实处，你什么都不说，却把该做的事都做了。"朋友取笑道："人家是实干家，你是演说家，你把时间都浪费在发表演说上了，当然什么都干不成了。"

静下来的人，往往都是不动声色的，他会在别人高声畅谈梦想的时候，默默聚集力量，艰难地上下求索，探寻人生的各种可能性。他从不用言语来证明自己，只会用行动来让人信服。他不刻意彰显自己，其成就却能让所有人看见。这正是这类人的非同凡响之处。

静下来，多拿出一点耐心

人生的际遇是很奇妙的，有时你沉下心，多等一分钟、一小时或是一天，结局就有可能有所不同。这就好比等车的经历，你多等几十秒钟或是一分钟，也许过不了多久就有一辆公共汽车呼啸着驶来，若是连这点耐心都没有，那么怕是任何一辆车都搭乘不上。很多时候，你错过一次又一次机遇，不是因为造化弄人，也不是因为上帝故意跟你开恶意的玩笑，有意让你和重大机遇擦肩而过，而是因为你不能冷静，没有耐心，在事情出现转机之前就掉转了方向。

我们都非常熟悉"否极泰来"这个词，它指的是一个人倒霉到了极点，事态往往会向好的方向转化。可是多数人等不到否极的那一刻就放弃了，当然不可能等到泰来了。生活中这样的例子比比皆是：一个销售员平均被拒绝30次才能成功签订一笔订单，很多人在被拒绝29次后放弃了；一个刚走上社会的大学生平均被拒绝20次能找到一份相对稳定的工作，很多人在被拒绝19次后放弃了。也就是说只要再多等一会儿，再坚持一次，结果就会截然不同。

在你跌到低谷的时候，在你感到灰心绝望的时候，先不要让自己倒下，耐住性子再等等，也许无须等待太久，奇迹就发生了。深陷困境，谁都会烦躁不安，在这种时刻，你必须静下心来，再多等一会儿，也许危机背后就是转机。

战乱时期，有一位商人为了避难，把所有的家财换成了几张价值数百万元的珍稀邮票，将其小心翼翼地藏在了一把油纸伞的伞柄里，然后乔装成了平民百姓，准备投奔老家的亲友。旅途中他受尽了舟车劳顿之苦，时值盛夏，骄阳似火，天气热不可当，他又困有倦，半途在茶馆里打了一个盹，睡醒之后发现桌上的雨伞不见了。

他四处向人打听有没有看到一把油纸伞，神情无比慌乱，人们都很诧异，一把雨伞而已，丢了再买一把，何必那么着急呢？他连忙解释说，这雨伞是旧物，对他有特别的纪念意义，他必须要找到它。人们好心劝他，不要白费力气寻找了，来茶馆里喝茶的人很多，怕是某个人顺手牵羊拿走了，茫茫人海到哪里寻找，要找到偷伞的窃贼，岂不是比在大海里寻针还难吗？

商人不甘心，那可是他全部的家当，毕生的积蓄，不能白白丢了，这些话他又不方便明说。心情平复以后，他开始分析当前的形势，发现随身携带的包裹没被动过，断定那个盗伞之人不是惯犯，很有可能只是顺手牵羊拿走了，说不定那人就是附近的居民。抱着最后一丝希望，商人在附近租了房子，长期居住下来。他现在只剩下一点盘缠了，只能住廉价的旅馆了。

安顿好了以后，商人购买了各类修伞工具，摇身一变成了一名修理工，不过除了雨伞之外，什么都不修。他默默地等待着，希望那个盗伞贼能出现在自己眼前，将那把油纸伞物归原主。一天天过去了，他记不清自己修好多少把雨伞了，那把油纸伞始终没有出现，那个不知其名的盗贼就好像人间蒸发了一样，始终不见踪影。商人琢磨着再这样下去，他连房租都要交不起了，到时很有可能露宿街头，沦落成乞丐。天下还有比他更倒霉的人吗？百万富翁沦落成修伞匠，又由修伞匠沦落成乞丐，以后的日子真的不堪设想。他觉得自己简直倒霉到了极点。

在最艰难的日子里，商人没有放弃，他决定再等等看。他发现雨伞如果太过破旧，完全不值得一修时，人们会毫不犹豫地购买新伞。于是想出了一个好主意，在摊位上摆出了"旧伞换新伞"的招牌。起初人们很犹豫，不相信这种以旧换新的好事，有几个贪便宜的人大胆尝试了一次，果然用破伞换来了完好无损的新伞，人们这才放心来换伞。没过多久，一名中年人带着一把破旧的油纸伞现身了，商人一眼认出了自己当年丢失的那把伞，他激动得险些昏厥过去，不过表面上依然很平静。他像什么事情都没发生过一样，默默地递上一把新伞，接过那把令自己朝思暮想的旧伞。待中年人离去后，他马上从伞柄中取出邮票查看，看到那几张价值连城的邮票，心中的一块大石总算落了地。

商人得了邮票后，迅速离开了。后来亲戚做生意亏了本，他把自己的故事原原本本地讲给对方听，不无感慨地感叹道："先别绝望，再等等看，也许过不了多久事情就会出现转机。我当年就是这样安慰自己的。我差点失去一切，好在我等到了那把伞。"亲戚受到了鼓舞，耐着性子继续坚持了一段时间，半年后市场情况看好，生意渐渐好起来，不但弥补了之前的亏损，还大赚了一笔。

也许你认为等待是消极的、被动的，与其傻傻地等待，不如主动出击或是果断放弃，事情却不是这样，等待并不意味着坐以待毙，它指的是静下来，多拿出一点耐心，静观局势的变化，在时机最有利的时候再果断出击。客观因素是你无法左右的，你只有等到雨过天晴之后，才能顺势而为，扭转局面。有时候安静地等待比无谓的挣扎更有用，等到最黑暗的日子过去了，也许你就能迎来黎明的曙光。

让躁动的心安静下来

久居喧嚣的闹市中，人们往往喜动不喜静，似乎忘记了安静也是一种能量。如今能静下来，潜下心来，享受静谧的人越来越少了。大多人都想制造出一点响动，对周围产生一点影响，要么忙于应酬，要么奔走于各大交际场，被欲望牵引着忙碌不休，早已忘记了做事的初衷，甚至本末倒置，放弃了脚踏实地的努力，一心想着走捷径。静下来的人不会把时间浪费在酒场聚会上，潜下心来钻研，因为他们相信"静而后能安，安而后能虑，虑而后能得"，认为静比动更能催人奋进。

无论人还是事物，过于躁动，就显得轻浮和浅薄，安静下来，方令人觉得厚重和可靠。古人说"静以修身""非淡泊无以明志，非宁静无以致远"，静能让人自省，使人心无旁骛，更好地专注于当下。静的力量是不可小觑的，一滴水滴落的时候不会发出太大的声响，时间久了，却能把檐下的石板凿穿；一把种子看起来非常不起眼，发芽时无声无息，可它却能把致密的头盖骨撑开。同理，静下来的人，安静的人，往往比那些聒噪的人、为名利疯狂的人，身上潜藏的能量要足，因为他们把力量都消耗在对的事物上了，不为任何事分心，所以更容易在某个领域做出成就。

有些人认为静等同于木讷，在现代社会，必须认识更多有头有脸的人物，到处散发名片，在酒桌饭桌上，于觥筹交错中凝聚感情，才能获得更多的收益。安静的人不知道怎么为自己聚集社会资源，怕是奋斗一生，也不会有什么好结果。事实似乎是这样，但又不尽然。如果你在别人眼中没有分量，无论怎么积极奔走，怎么攻于社交，都不可能把这份无足轻重的交情转化成自己的资源，一切的努力都是枉费心机。与其如此，还不如静下心来，认认真真做好自己该做的事，自己成全自己。

李熠是一个非常内向的人，只知道埋头做事，在社会上摸爬滚打了三年，连崭露头角的机会都没得到。同学对他说："你不能再这样下去了，必须让自己动起来，多印发一些名片，让更多的人认识你，这样才能为自己争取到更好的平台。"李熠认为同学说的有道理，立即印发了上千张名片，像发传单一样见人就发，同学劝阻道："你不能乱发名片，必须想办法让一张小小的名片换来最大的效益，最好把它递到大人物手上。"

李熠立刻领会了，从此开始有的放矢地分发名片。干了这么多年采编，他没有写出一篇像样的东西，早就产生了转行的想法。他想写书，做梦都想成为继韩寒、郭敬明之后的第三位 80 后作家。目前，他最大的问题是自己籍籍无名，没人看好自己写的东西，缺乏出版渠道。他认为只要搞定出版社的编辑，一切都不会成为问题。为了见到出版社的主编，他在楼下足足等了一个钟头，然后诚惶诚恐地递上了名片。主编接过了名片，两人就算认识了，承诺以后会抽空看看他的作品。

转眼一年过去了，主编依旧腾不出空闲，李熠写的东西他一个字也没有看过。在长达一年的时间里，李熠先后接触过不少有头有脸的人物，有的是编辑，有的是图书策划师，有的是杂志社的老板，他以为结识了这些人物，自己的命运就会为之改变。每每提及这些大人物，他脸上就会流露出自豪的表情，逢人便说："××，我认识，前些日子我们还一起喝过酒。"如果对方不相信，他就会掏出手机，让对方给××打电话询问，以此证实两人确实有交情。其实他和那些人不过是点头之交，只是在一起吃过几次饭喝过几次酒而已，并没有人把他看成可以与自己平起平坐的朋友。

　　有一天同学问："既然你认识这么多大人物，为什么不提出书的事啊？"李熠这才想起了出书的事情："哎呀，我整天忙着应酬，都快把正事忘了。"紧接着，他便带着作品四处求人，那些朋友大多敷衍了事，根本无心翻阅他写的东西，只有杂志社的老板答应找时间看看，刚看完一页纸就看不下去了："文字太粗糙了，不适合在杂志上连载。"李熠赔着笑脸，希望老板看在往日交情的分上，给他一个机会，对方并不买账："你的东西写的不行，我怎么能破例给你连载呢？这和我们是不是有交情无关，我不能因为你降低杂志的质量。"李熠感到无比失望，那位老板在他起身告辞之前，给了他一个忠告："我劝你静下心来好好练练笔，别把时间花费在跟人吃吃喝喝上，搞文字创作的人必须有安静的气质才能成事，像你这么浮躁，能写出什么好东西来呢？"

动起来很容易，静下心却很难，你拥有足够强的定力，才能安守一份静谧。真正胸中有丘壑的人，大都懂得静水流深的道理。静水下的世界往往深不可测，人亦如此，安静深沉的人，体内往往蕴藏着大智慧和大能量。抑制住躁动的心，安放好自己的灵魂，不沉迷于表面的喧嚣热闹以及华而不实的友谊、没有价值的社交，静静地做好自己喜欢的事，经营好现有的生活，往往能收获更多。

第三章 把控情绪，做自己情绪的主人

成为一个充满正能量的人

现代社会快速发展，每个人都会受到来自各方面的压力。人们在都市生活中被压得透不过气，有时就会羡慕起公众人物的洒脱，看着在镜头前永远光鲜靓丽的明星和艺人，感觉那样的生活真是充满了阳光。然而我们偶尔也能看到公众人物人设崩塌，他们有的在节目录制过程中，一言不合，摔话筒走人，有的在众目睽睽之下推搡记者或粉丝。在那一刻，我们看到的是一个情绪失控的人，他们同样充满焦虑、愤怒和迷茫，可见，世界上并没有什么完美的人。

我们如果不能直面自己的情绪，不对负面情绪加以控制，不仅会对他人造成伤害，长此以往，还会给自己带来严重影响。在了解失控的情绪之前，我们先来简单了解一下心理。每个人都有两种心理，一种是理性心理，另一种是情绪心理。

白领小 A 平时很内向、腼腆，在公司里表现也不是很突出。同事们对她的印象都很好，认为她是一个温柔平和的人。结果突然有一天，领导找到其他的同事谈话，其中问到了小 A 的情况。一开始大家不明就里，后来才慢慢理清楚头绪。

原来，小 A 经常深夜发朋友圈，内容非常负面，她不是抱怨工作好烦，就是吐槽身边某个人的缺点。这些充斥着失望、愤怒、不爽情绪的内容，小 A 并不会把它们留到白天。一般都是在发布半个小时以内删除。等到天亮了一上班，大家见到的又是一个亲切温柔的小 A。领导听个别同事反映这个问题，于是留意起小 A 工作的情况，这才发现，她的情商其实很低，工作处理得并不是很好。

通过这个例子我们可以归纳出来，理性心理就是人们表面上展现出来的，在一个具体的情境下，理性心理能带给我们清醒的意识。我们会依据理性去思索和判断，做出得体的反应。除此之外，还有另一种毫无逻辑可言的认知系统，就是情绪心理。

我们都知道朋友圈是公开的社交平台，上面不光有我们的亲朋好友，还会有同事、领导、客户。像小 A 这样把自己的负面情绪毫无保留地展现出来，就是非常情绪化的事情。这不仅是她自己在发泄情绪，还影响到了别人，作为一个成熟的人，不能正视自己的情绪，而想用这种方式来宣泄，难道是期待别人来安慰她吗？遗憾的是，这个社会上谁都不欠谁，别人没有义务做你的情绪垃圾桶。

在职场上，像小 A 这样疲于应付工作的大有人在，他们的工作方法欠佳，觉得同事对自己不够理解和尊重，又觉得不受领导的重视和认可，每天在堆积如山的工作里挣扎，真称得上压力山大。说出来你可能不相信，这种负面情绪不仅是在人们潜意识里产生的，还可能"相互传染"。一旦有了滋生负面情绪的温床，它们就会不受控制，发芽疯长，不但会死死纠缠住你，还会传染蔓延给周围的人。

有的人本身心态就不好，却根本没有想过要控制自己的负面情绪，而是任由它到处传染别人，达到自己内心的快乐。这样宣泄负面情绪显然是不对的，你这样传播负能量，不仅弄糟了别人的心情，还容易在生活中传给孩子，让这种不健康的心态一代代向下传递渗透。

随着这样的人越来越多，还会逐渐形成一个个小团体，在他们内部，充斥着抱怨和不满，任何用理智去思考和说话的人，都会被指责，并且踢出圈子。他们对外也不再顾及面子，在攻击和他们意见不同的人时，会越来越肆无忌惮，其实也是把负面情绪继续向外传递。

有的人能力不足，遇到自己处理不了的问题时，心理压力变大，就要通过发泄情绪来转移内心的压力。这就产生了两股力量，一个向内释放，另一个向外释放，产生的结果也不同。

向内释放，是在心理压力的基础上，再给自己的内心加压，就放大了压力。这就相当于在人们饱受折磨的脆弱神经上再压上一块石头，很容易压垮最后的理智。比如有的名校大学生平时没什么存在感，都是在埋头读书，却突然在一些小事上，和别人大吵起来，很可能就是压力积累导致的。相对理智的人可能会选择休息，让自己冷静一下，而过于情绪化的人甚至会跳楼自杀，用极端的方式解决压力。

向外释放，是向别人施压。这类人的心理是，既然我难受，你们也别想好过。他们不肯控制自己的情绪，还一味认为自己是对的，为了给自己的愤怒、抱怨找借口，他们就要证明别人是错的。这样做，是在进一步扩大负面情绪，感染别人。

负面情绪是一滴浓墨，能迅速染黑我们心灵的湖泊。要想控制负面情绪，不让情绪失控，我们需要正确认识自己的情绪，不要做激烈的抵抗，最好的方法是梳理，厘清情绪问题的根源，把负面情绪转化为积极正面的情绪。最后做到和自己的情绪握手言和，和谐共处，真正成为一个充满正能量的人。

做自己情绪的主人

我们每个人都生活在情绪的海洋中。情绪这东西十分微妙，难以言传，它看不见，摸不着，但是对我们的影响往往超乎想象。

情绪是指人们对客观事物所持态度的内心体验，在面对一些烦琐的事情时，人都容易产生焦躁不安或者悲观、焦虑、沮丧、愤怒……这些都是情绪的种种表现。

成吉思汗是非常了不起的历史人物，曾经建立了横跨欧亚大陆的帝国。他能够有这样大的成就，与他善于平息怒火有关，而他之所以善于平息怒火，则与他的一段传奇经历有关。

有一次，成吉思汗带着一大队人出去打猎。他们一大早便出发了，可是到了中午仍没有收获，只好意兴阑珊地返回帐篷。成吉思汗心有不甘，便又带着皮袋、弓箭以及心爱的飞鹰，独自一个人走回山上。

烈日当空之下，他沿着羊肠小径向山上走去，一直走了好长时间，口渴的感觉越来越重，但他却找不到任何水源。

良久，他来到了一个山谷，见有溪水从上面一滴一滴地流下来。成吉思汗非常高兴，就从皮袋里取出一只金属杯子，耐着性子用杯子去接一滴一滴流下来的水。

当水接到七八分满时，他高兴地把杯子拿到嘴边，想把水喝下去，这时一股疾风突然把杯子从他手里打了下来。

将到口边的水被弄洒了，成吉思汗不禁又急又怒。他抬头看见自己的爱鹰在头顶上盘旋，才知道是它捣的鬼。尽管他非常生气，却又无可奈何，只好拿起杯子重新接水喝。

当水再次接到七八分满时，又有一股旋风把水杯再次弄翻了。

原来又是他的飞鹰干的好事！成吉思汗怒到极点，顿生报复心："好！你这只老鹰既然不知好歹，专给我找麻烦，那我就好好整治一下你这个家伙！"

于是，成吉思汗一声不响地拾起水杯，再从头等着一滴滴的水。当水又接到七八分满时，他悄悄取出尖刀，拿在手中，然后把杯子慢慢地移近嘴边，老鹰再次向他飞来，成吉思汗迅速拔出尖刀，把鹰杀死了。

不过，由于他的注意力过分集中在杀死老鹰上面，却疏忽了手中的杯子，结果杯子掉进了山谷里。于是，成吉思汗无法再接水喝了，不过他马上想到既然有水从山上滴下来，那么上面也许就有蓄水的地方，而且很可能是湖泊或山泉。于是他忍住口渴的煎熬，拼尽气力向上爬。几经辛苦后，他终于攀上了山顶，发现那里果然有一个蓄水的池塘。

成吉思汗兴奋极了，立即弯下身子想要喝个饱。忽然，他看见池边有一条大毒蛇的尸体，这时才恍然大悟："原来飞鹰救了我一命，正因它刚才屡屡打翻我的杯子，我才没有喝下被毒蛇污染的水。"

成吉思汗明白自己做错了，他带着自责的心情，忍着口渴返回了帐篷。他对自己说："从今以后，我绝不在生气的时候做决定！"这一决心，使成吉思汗避免了很多错事，给他的雄图霸业带来了莫大的帮助。

能否控制自己的情绪是一个人心理素质的体现。有效地管理和调控自己的情绪，就能够改变自己的处境，面对不如意的现实。

人的感情是很复杂的，且不容易控制。很多时候，人们常常由于感性的冲动做出一些不理智的事情，结果后悔莫及。但是，一个真正有理智的人，无论在处理什么事情的时候都不会感情用事，让感情控制住自己，相反，他会用理性支配自己的行为。因此，我们要提高自己的理智，用理性来控制感性，把握感情的流向。

爱丽丝是一个脾气异常暴躁、情绪波动极大的女孩，经常因为小事和别人吵架，她的人际关系因而愈来愈紧张，结果男友也难以忍受她的坏脾气，和她分手了。终于有一天，她觉得自己已经处于崩溃的边缘。

她打电话向她的一个朋友普鲁特求救。普鲁特向她保证："爱丽丝，我知道现在对你来说是有点糟，可是只要你经过适当的指引，一切就会好转。你现在要做的第一件事是让自己安静下来，好好地享受一下安静的生活。"

听了普鲁特的话，爱丽丝决定开始停止忙碌的生活，好好地放松一下自己，给自己休一个长假。当她已经稳定了之后，普鲁特又建议道："在你发脾气之前，不妨想想，究竟是哪一点触动了你？"

"自己可以拥有两种思考：一种是让每一件事情都在脑海里剧烈地翻搅；另一种则是顺其自然，让思想自己去决定。"说着，普鲁特拿出了两个透明的刻度瓶，然后分别装了一半刻度的清水，随后又拿出了两个塑料袋。爱丽丝打开来，发现里面分别是白色和蓝色的玻璃球。普鲁特说："当你生气的时候，就把一颗蓝色的玻璃球放到左边的刻度瓶里；当你克制住自己的时候，就把一颗白色的玻璃球放到右边的刻度瓶里。最关键的是，现在，你该学会独立控制自己的情绪，如果你不试着控制自己的情绪，你会继续把你的生活搞得一团糟。"

此后的一段时间内，爱丽丝一直按照普鲁特的建议去做。后来，在普鲁特的一次造访中，两个人将瓶中的玻璃球都捞了出来。他们同时发现，那个放蓝色玻璃球的瓶中水变成蓝色了。原来，这些蓝色玻璃球是普鲁特把水性蓝色涂料染到白色玻璃球上做成的，这些玻璃球放到水中后，蓝色染料溶解到水中，水就呈现出蓝色。普鲁特借机对爱丽丝说："你看，原来的清水投入'坏脾气'后，也被污染了。你的言语举止，是会感染别人的，就像玻璃球一样，当心情不好的时候，要控制自己。否则，坏脾气一旦投射到别人身上的时候，就会对别人造成伤害，再也不能恢复到以前。一定要控制好自己的言行。"

爱丽丝后来发现，当按照普鲁特的建议去做时，人真的不会那么暴躁了，事情也容易理出头绪。在此之前，她的心里早已容不下任何新的想法和三思而后行的念头，已经形成了一种忧虑的习性，这些让她恐惧、慌乱而情绪化。当普鲁特再次造访的时候，两人又惊又喜地发现，那个放白色玻璃球的刻度瓶竟然溢出水来——看来爱丽丝对自己的克制成效不小。慢慢地，爱丽丝已经学会把自己当成一个思想的旁观者，来看清自己的意念，一旦有了不好的想法就会很快发现，想法失控的时候及时制止。这样持续了一年，她逐渐能够信任自己并且静观其变，生活也步入常轨，并重新得到了一个优秀男士的爱，美好在她的生活中渐渐展现。

在生活中，每当你发脾气或在愤怒的情绪中时，你应该分析所有使你愤怒的原因，然后避免使自己暴露于那些痛苦之下，采取一些积极有效的措施来控制自己的情绪。

在拿破仑·希尔事业生涯的初期，他就曾受到个人情绪的困扰。有一次，拿破仑·希尔和办公室大楼的管理员发生了一场误会。这场误会导致他们两人之间相互憎恨，甚至演变成了激烈的敌对状态。这位管理人员为了显示他对拿破仑·希尔一个人在办公室工作的不满，就把大楼的电灯全部关掉。这种情形已连续发生了几次。一天，拿破仑·希尔在办公室准备一篇预备在第二天晚上发表的演讲稿，当他刚刚在书桌前坐好时，电灯熄灭了。

拿破仑·希尔立刻跳起来，奔向大楼地下室，找到了那位管理员并破口大骂，直到他再也找不出更多的骂人的词句了，只好放慢了速度。这时候，管理员直起身体，转过头来，脸上露出开朗的微笑，并以柔和的声调说道："你今天早上有点儿激动，不是吗？"管理员的话似一把锐利的剑，一下子刺进拿破仑·希尔的身体。拿破仑·希尔的良心受到了谴责。待他控制了愤怒的情绪后，他平静了下来。他知道，他不仅被打败了，而且更糟糕的是，他是主动的，又是错误的一方，这一切只会更增加他的羞辱感。于是，拿破仑·希尔满脸歉意地说："对不起！我为我的行为道歉——如果你愿意接受的话。"管理员脸上露出微笑，他说："你用不着向我道歉。除了这四堵墙壁以及你和我之外，并没有人听见你刚才说的话。我不会把它传出去的。我知道你也不会说出去的。因此我们不如就把此事忘了吧！"

拿破仑·希尔向他走过去，抓住他的手，使劲握了握。

拿破仑·希尔不仅是用手和他握手，更是用心和他握手。在走回办公室的途中，拿破仑·希尔感到心情十分愉快，因为他终于鼓起勇气，化解了自己做错的事。

之后，拿破仑·希尔下定决心，以后绝不再失去自制。因为当一个人不能控制自己的情绪时，另一个人——不管是一名目不识丁的管理员还是有教养的绅士——都能轻易地将自己打败。

生活中，扰人心情的事情时有发生，并成为影响我们情绪的罪魁祸首。我们要看清自己的弱点，不要受到情绪的影响，用意志来控制自己，从容应付突发事件。

学会控制自己的情绪，对于每个人而言都是相当重要的，它是我们成功的前提，更是我们身心健康的保证。做自己情绪的主人，不仅让你重新获得主导权，而且会使你发现，掌控自己的情绪以后，所有的难题都能够轻松驾驭了！

给头脑降温，熄灭心头怒火

生活中，每个人都免不了动怒，愤怒是一种正常的情绪，通常它还是健康的。但是当它失控并且变得具有破坏性时，它能导致你在工作、人际交往甚至一切生活中出现问题。而且，它还会让你感觉到你正被一种无法预见的强大的情绪所控制。

愤怒情绪像一匹野马，一旦转化为行为，就会严重伤害自己和他人。在生活中，我们常常看到，有些人因为一些不足挂齿的小事而发怒，做出不该做的事，比如引起恶性斗殴，甚至导致人命案子的发生，最后锒铛入狱，事后常常后悔不已。

愤怒常常使人丧失理智，让人做出不计后果的言行，最终使自己深受其害。因此，在日常生活中，当你被激怒时，千万不要轻易发火。谁若轻易地做了怒气的俘虏，谁的生活就会倾斜，谁就可能成为愚蠢与后悔的人。

下面是消除愤怒情绪的一些具体方法：

（1）请可信赖的人帮助你，让他们每当看见你动怒的时候，便提醒你。你接到信号之后，可以想想看你在干什么，然后努力推迟动怒。

（2）不要总是对别人抱有期望。只要没有这种期望，愤怒就不复存在了。

（3）当你愤怒时，首先冷静地思考，提醒自己，不能因为过去一直消极地看待事物，现在也必须如此，自我意识是至关重要的。

（4）主动控制，主要是用自己的道德修养、意志修养缓解和降低愤怒的情绪。有人在要发泄怒气时，心中默念"不要发火，息怒、息怒"，会收到一定效果。

（5）当你想用愤怒情绪教训人时，可以假装动怒，提高嗓门或板起面孔，但千万不要真的动怒，不要以愤怒所带来的生理与心理痛苦来折磨自己。

（6）当你要动怒时，花几秒钟冷静地描述一下你的感觉和对方的感觉，以此来消气。最初 10 秒钟是至关重要的，假如你能够熬过这 10 秒钟，愤怒便会逐渐消失。

（7）当你发怒的时候，要时刻提醒自己，人人都有权根据自己的选择来行事，如果一味禁止别人这样做，只会加深你的愤怒。你要学会允许别人选择其言行，就像你坚持自己的言行一样。

（8）改变自己的心态。愤怒通常是虚荣心强、心胸狭窄、感情脆弱、盛气凌人所致，对此，可以用疏导的方法将烦恼与怒气导引到高层次，升华到积极的追求上，以此激励起发愤的行动，达到转化的目的。

总而言之，在日常工作中，一个人必须要提高自己控制愤怒情绪的能力，时刻提醒自己，有意识地控制自己情绪的波动，千万不要动不动就指责别人，喜怒无常，改掉这些坏毛病，努力使自己成为一个容易接受别人和被人接受、性格随和的人。只有这样，你才能深悟"淡定"二字的含义。

找出负面情绪的根源

导致负面情绪的原因有很多，其中有内因也有外因。

我们可以一一梳理出来。

第一大内因是缺乏情绪清晰度。这是一种"可以比主观"能力，就是能够较轻松地识别出自己当前情绪的一种主观感知能力。简单来说，就是毫不费力，你就能判断自己现在的情绪和状态。因为情绪没有固定的标准，你的快乐可能跟别人的完全不同，但没关系，只要你清楚自己是快乐的就够了。

我们可以问自己几个问题。当你笑的时候，是因为心情真的不错，还是有东西在困扰着你，但你不确定那是什么？跟你关心的人在一起，你是能轻松愉快地聊天，还是仍然有所保留，是存在某种你也不清楚的理由？如果你无法确定地回答这些问题，就说明你的"情绪清晰度"比较低。

"情绪清晰度"直接影响人调节情绪的能力。如果你能够轻松地识别情绪，那么你也会更擅长调节情绪。你能够察觉到情绪何时产生，有多强烈，然后推断出是否可以将它从消极变为积极。换句话说，如果你的"情绪清晰度"高，你就更可能在短时间内将不好的情绪转变成好心情。而"情绪清晰度"不高的人，罹患抑郁症的风险会比较高。这是因为他们不仅对情绪的调节能力差，还会不断重复负面情绪。

一旦发现自己在反复体验负面情绪，就要及时叫停思绪，直面自己此刻的情绪，承认自己就是在生气。只要确定了你的愤怒，你就会从无用的纠结中跳脱，开始想办法减少此刻的苦恼感。然后，再去尝试那些亲测有效的办法来减少自己的愤怒，比如通过运动、唱歌、朗诵等形式，来积极地宣泄负面情绪，恢复心理平衡。

第二大内因是付出了高昂的情绪劳动。我们听说过体力劳动，但什么是情绪劳动呢？用一个简单的例子就能理解这个概念："你每天上班都是坐着，为什么还是感到这么累？"这是因为除了体力劳动和脑力劳动之外，你还要付出一项情绪劳动。

最初，情绪劳动专指那些对员工的面部表情有特殊要求的职业。比如空姐要付出"热情周到"的情绪，护士要付出"细致体贴"的情绪，销售员要付出"专业耐心"的情绪，等等。但是后来，它的范围不断扩大，变成了"不管任何工作，只要涉及人际互动，员工都可能需要进行情绪劳动"。这样一来，就扩大到了职场的各个阶层之间，创意人员面对"不懂装懂、乱挑毛病"的客户，要付出"虚心接受"的情绪，下属面对"粗暴无礼"的上司，要付出"委曲求全"的情绪。

那么，情绪劳动中到底存在什么，导致我们感觉很累呢？提出这个理论的专家把情绪分解成两部分，做出了进一步解释。情绪分为情绪感受和情绪表达。情绪感受就是我们的真实心情如何，而情绪表达则是我们表现出来的情绪是什么样的。然后两者构成了一个公式，就是"情绪表达"和"情绪感受"的差别越大，这个人付出的"情绪劳动"的工作量也越大。

比如老板家养了一只狗，秘书明明很讨厌宠物，老板却指派他负责每天遛狗。这时，秘书的情绪感受就非常糟糕，但是为了保住饭碗，他却要装出喜欢动物的样子，每天挣扎着早起，假装兴致很高地去遛狗，结果可想而知，两者之间巨大的落差，就形成了他每天都要付出高昂的情绪劳动。如果哪一天老板想把狗送给秘书养，他就很容易情绪失控。

为了避免情绪失控，人就要想方设法改变两者中的一个，缩小它们之间的差距。一是改变情绪感受，其实就是自我安慰，多给自己一些积极暗示，把事情往好处想。二是改变情绪表达，与其故意装得兴奋激动，不如表现出平常的状态，不让自己太"心累"。专家的建议是，改变情绪感受更有利于扭转负面情绪。

笑脸最能打动人

"微笑可以换取黄金"，这是著名的"曼狄诺定律"，又称"微笑定律"，是由美国作家奥格·曼狄诺提出的。微笑是世界上最美的行为语言，虽然无声，但最能打动人；微笑是人际关系中最佳的"润滑剂",无须解释,却能拉近人们之间的心理距离。

加利福尼亚大学心理学教授詹姆斯在通过一系列研究后指出,人们在微笑时,全身的肌肉处于最松弛的状态,而且心理状态也相对稳定,因此,微笑称得上是一种"最正面的情绪表达方式"。而且,微笑带来的正面情绪同样具有很强的传播性。当一个人充满笑意的目光与别人的目光相遇时,这种正面情绪会通过"无形的沟通之桥"传递给对方,两个人之间的气氛会很自然地变得和谐,相处起来也就融洽多了。

飞机起飞前,空姐正在做各项准备工作,整个人都忙碌不堪。这时,一位乘客叫住她,说:"麻烦您给我一杯水,我要吃药。"空姐很有礼貌地说:"先生,为了您的安全,请稍等片刻,等飞机进入平稳飞行后,我会立刻把水给您送过来,好吗?"

没多久,飞机正常起飞,进入了平稳飞行状态,空姐也闲了下来。突然,乘客服务铃急促地响了起来,空姐猛然意识道:"完了!刚刚忙晕了头,忘了给那位乘客倒水了!"

她马上来到客舱,那位乘客正怒气冲冲地等着她。空姐小心翼翼地把水送到那位乘客面前,面带微笑地说:"先生,实在对不起,由于我的疏忽,延误了您吃药的时间,我感到非常抱歉。"

只见乘客抬起左手，指着手表说道："有你这样服务的吗？我要是因为你的原因犯了病，你负得起这个责任吗？"空姐手里端着水，心里感到委屈和后悔。虽然最后乘客接过了水，但是，无论她怎么解释，这位恼怒的乘客都不肯原谅她的疏忽。

接下来，为了解开对方的心结，每次路过客舱时，空姐都会特意走到那位乘客面前，面带微笑地询问他是否需要水，或者别的什么帮助。然而，那位乘客余怒未消，摆出一副不合作的样子，并不理会空姐。

眼看马上到达终点了，那位乘客要求空姐把留言本给他。空姐忐忑不安地把留言本递给他，心想："这次免不了要遭到投诉。"然而，打开本子却惊奇地发现，那位乘客在本子上写下的并不是投诉信。相反，是一封热情洋溢的表扬信。

信中的话令空姐感动得几乎要落泪："在这趟旅途中，你表现出真诚的歉意，特别是你的 12 次微笑，深深打动了我，使我最终决定将投诉信写成表扬信！你的服务质量很高，下次如果有机会，我还将乘坐你们的航班！"

由此可见，在服务行业中，微笑不仅是一种表情和心态，更是一项技能。美国一家百货商店的人事经理曾经说过，她宁愿雇一个没上完小学却有真诚笑容的女孩子，也不愿雇佣一个神情忧郁的哲学博士。由此可见，微笑服务在销售当中是多么重要。下面我们就来看看，销售员应该如何微笑。

首先，销售员应该做出真诚的微笑。导购人员在顾客面前流露出自然而甜美的微笑，会给人一种亲近、友善的感觉。要想使微笑自然、真诚，就应掌握好分寸，既不能做作，也不应过分，发自内心的笑容才是自然的。要避免不适当的微笑，如假笑、冷笑、怪笑、媚笑、窃笑等，以免引起顾客的猜疑和不快。如果销售员需要硬挤笑容，那还不如不笑。

其次，销售员笑起来应该轻松。每个人都会遇到不顺心的事，心情也不会天天愉快，可是服务工作的特殊性，又决定了销售员不可能朝着顾客发脾气。所以他们必须要学会控制自己的情绪，学会分解和淡化自己遇到的烦恼与不快。在工作中，要时刻保持一种轻松的情绪，让欢乐永远伴随自己。

再次，销售员要会运用宽容的微笑。在推销产品的时候，销售员难免会遇到出言不逊、胡搅蛮缠的顾客，此时千万不可露出怒色，应用一种包容心去对待。拥有宽广的胸怀，工作中就不容易患得患失，和顾客沟通也不会纠结细节。这样的人能够保持一个好心境，微笑服务也就是一件轻而易举的事情了。

最后，别忘了会意的微笑。微笑服务是要与顾客进行感情上的沟通。在感情上把顾客当作亲人、朋友，与他们同欢喜、共忧伤，成为顾客的知心人。销售员要找到与顾客的沟通点，在恰当的时机，用微笑来表达对他们的赞许、肯定、理解和感谢。

在现实生活中，微笑还有助于消除负面情绪，获得他人的好感。比如朋友、同事之间的争执、误解，家人、邻居之间的矛盾，恋人、兄弟之间的隔阂，等等，都可以一笑了之。可以说，微笑是联结人与人之间关系的纽带，纵使再远的时空阻隔，只要一个微笑就能拉近彼此之间的心灵距离。在人际交往中，不管遇到什么困难，不管遇到多么尴尬的事情，都不要忘记微笑。没有什么事情不能用微笑化解，只要你是发自真心。

自信的人不容易发怒

和笑一样，人都会发怒。不过，这"愤怒"的情绪到底从何而来呢？生活中，人会对行为和结果进行一定的预测。如果局面失去控制、不在自己预想的范围之内，人会感到"不安"或"恐慌"。对于"不安"或"恐慌"的防卫反应或警告反应就会以"发怒"的形式体现出来。也就是说，当事情没有按自己预想的发展时，人就会产生愤怒情绪。

此外，人还有一种叫作"自尊感情"的情绪，就是说人认为自己有价值的一种感觉。这和我们平常所说的"自尊心"不是一回事。如果有人对我们说"你这个人没有价值""作为人，你不合格"，这样的话就会伤害我们的自尊感情。当自尊感情受到伤害时，人就会愤怒，这是出于保护自尊感情的本能。

"自尊感情"跟"自尊心"明显的差别在哪儿呢？"自尊感情"高的人，对于别人的侮辱也可以宽容对待。而自尊心强的人，是受不了别人的冒犯的。正因为自尊感情高，不管别人怎么说他，也不会影响他对自己的评价，因而不会生气。自尊感情低的人，只要受到一点不满意的评价，马上就会发怒。自尊感情低的人难以树立自信，需要从别人的尊敬中间接地获得自尊感情。因此，一旦别人否定了他，他就无法尊敬自己，相信自己了，于是便发怒了。因此，如果平时能够多冷静地审视自己，发现自己值得尊敬的地方，提高自尊感情，就不会动不动因为一些琐碎小事而生气了。

周总理不仅是一位政治家，还是一位外交高手。他通过一次次机智的回答，巧妙地避开了问题中的陷阱，展现出了外交家的智慧与风度。一次，一位美国记者在采访周总理的过程中，无意中看到总理桌子上有一支美国产的派克钢笔。记者便趁机问道："请问总理阁下，你们堂堂的中国人，为什么还要用我们美国产的钢笔呢?"周总理听后，毫不理会记者那讥讽的语气，风趣地说:"谈起这支钢笔，说来话长，这是一位朝鲜朋友的抗美战利品，作为礼物赠送给我的。我无功不受禄，就准备拒收。朝鲜朋友说，留下做个纪念吧。我觉得有意义，就留下了这支贵国的钢笔。"美国记者一听，顿时哑口无言。

每个人都会愤怒，但有些人则可以被称为"易怒"，他们生气的频率和烈度要远远超过他人，这其实是一种病态的心理。从心理学角度来说，易怒的人，通常是出于五种心理动机。

自卑心理。自卑的人由于对自己没有足够的认同，因此特别在乎他人的看法。大多数自卑的人往往很敏感，而且心理特别脆弱，一些在普通人看似很正常的事情，在自卑者看来可能就是对他的侮辱或嘲讽。在他们的生活中有很多的易怒点，因此他们更容易被激怒。

不擅长社交。人际交往的过程其实是两个人互相交流、理解、合作的过程。善于社交的人往往掌握了很多技巧，可以比较容易地应对突发事件，化解矛盾。但是对于那些不善社交的人来说，他们缺乏处理矛盾的技巧和能力。因此，一旦发生冲突，他们一时间想不到好的沟通方法，就会用虚张声势来威胁他人，保护自己。

缺乏安全感。如果一个人的内心时常不安，他就非常容易发怒。因为这类人心理脆弱，需要通过发怒来给自己壮胆，防止别人对他的侵害。内心没有安全感的人，外在表现也更加危险。通常来说，贫穷、缺爱，都是产生不安全感的原因。这就好比受了伤的野兽更危险一样。予取予求。如果每次你得不到的东西，通过发脾气或者闹一闹就能得到，那你会不会变得特别易怒呢？答案是肯定的。当一个人发现发怒可以获取利益时，发怒就会成为他的惯用手段之一。被娇生惯养的人脾气往往都不大好，因为在家中，他们总能通过生气来获得自己想要的东西。这就是成长的过程中心理认知出现了问题，造成了三观不正，别人很难和这种人建立理性交流。

生理因素导致心理问题。心理学家根据研究指出，有些人就是天生的易怒型人格，他们的大脑构造异于常人，某些激素分泌失调，使得其难以克制自己的情绪，这就是生理对心理的影响了。

人是一种心理复杂，感情丰富的生物，在知道或不知道自己存在心理缺陷的情况下，人都能启动自我保护机制，用自我辩解来为自己的情绪找借口。比如，有想要的东西却得不到时，或者做事情失败时，有的人就会发脾气，这时他们还会找一些理由来让自己的生气变得合理化，这叫作"防卫机制"，为的是抒发自己的压力，减轻内心的不安。

还有的人对于自己喜欢的人态度冷淡，而对于自己讨厌的人却非常热情，他们采取了与意识相反的行为。其实，这是由于他们遇到对的人，产生了强烈的感情，但是压抑内心已经无法处理这种情感了，人会采取反向行为来进行自我防卫，这在其他人看起来，简直是行为颠倒乖张。

有的人习惯将责任转嫁给他人，把自己的错误、失败正当化。比如，"我之所以犯这样的错误，都是因为上司非要把这项工作交给我做""因为前面有块石头挡路，我才被绊倒的"等。这种心理投射显出他们内心脆弱，经不起责备，不敢正视自己的缺点和不足。

精英意识强的人，也会给自己找借口，他们把自己的错误合理化，起到保护自己的作用。失败的时候，他们会给自己找一个最为适当的理由，让自己释然。比如，"这道题那么难，我做不出来是正常的""因为我生病了，所以才没有完成"等。

还有的人把压抑的感情发泄到其他对象身上。比如，老师批评了自己，因此对老师心怀不满，但他不会向老师本人发泄不满，而是把不满发泄到对自己没那么强硬的人身上，比如会对妈妈发脾气。心理学对这种幼稚的发泄行为称为"踢猫效应"，也就是说这样的人其实非常懦弱，缺乏自信，只敢把怒火发泄到比自己弱小，或是对自己表现出善意的人身上。

不要为了小事而生气

生活中，我们经常看到人们愁眉苦脸、抑郁伤感、发脾气，说起来不过多是为了一些微不足道的小事。人生是多么的短暂，因一些鸡毛蒜皮、微不足道的小事而耿耿于怀，为这些小事而浪费你的时间、耗费你的精力是不值得的。

1965 年 9 月 7 日，世界台球冠军争夺赛在美国纽约举行。路易斯·福克斯的得分一路遥遥领先，只要再得几分便可稳拿冠军了。就在这个时候，他发现一只苍蝇落在主球上，他挥手将苍蝇赶走了。可是，当他俯身击球的时候，那只苍蝇又飞回到主球上来了，他在观众的笑声中再一次驱赶苍蝇。这只讨厌的苍蝇破坏了他的情绪，而且更为糟糕的是，苍蝇好像是有意跟他作对，他一回到球台，苍蝇就又飞回到主球上来，引得周围的观众哈哈大笑。路易斯·福克斯方寸大乱，连连失利，而他的对手约翰·迪瑞则愈战愈勇，赶上并且超过了他，最后夺走了桂冠。第二天早上，人们在河里发现了路易斯·福克斯的尸体，他投河自杀了！

为了和一只小小的苍蝇斗气，路易斯·福克斯丢了冠军甚至自己的生命，这真可谓因小失大、得不偿失。现实生活中也不乏这样的人，他们实在太在意身边的一些琐事了。其实，很多人的烦恼，并不是由多么大的事情引起的，而恰恰来自对身边一些琐事的过分在意、计较。

在一望无际的大沙漠中，有一只骆驼有气无力地向前走着。正午的太阳简直就是一个大火球，把骆驼晒得又饿又渴、焦急万分。装了一肚子火的骆驼正不知该往哪儿走时，它的脚掌就被一块小小的玻璃片硌了一下，骆驼顿时火冒三丈，它抬起脚狠狠地将碎玻璃片踢了出去，却不小心将脚掌划开了一道深深的口子，鲜红的血液顿时把沙粒给染红了。

气呼呼的骆驼因为疼痛一瘸一拐地向前走着，身后留下了一串血迹，血迹引来了空中的秃鹫。它们在骆驼上方的天空中不停地嘶叫和盘旋着。骆驼心里一惊，不顾伤势狂奔起来。急速的跑动使伤口不断地撕裂，血也越流越多，在沙漠上留下一条长长的血痕。当骆驼跑到沙漠边缘时，浓重的血腥味儿又引来了附近的沙漠狼。疲惫加之流血过多，无力的骆驼只得像一只"无头苍蝇"一样东奔西突，仓皇中跑到一处食人蚁的巢穴附近。鲜血的腥味儿惹得食人蚁倾巢而出，黑压压地向骆驼扑过去。就在这一刹那，食人蚁就像一块黑毛毯，把骆驼裹了个严严实实。一会儿工夫，那只可怜的骆驼就满身是血地倒在了地上。

临死前，这只骆驼追悔莫及地叹道："我为什么跟一块小小的碎玻璃片生气呢？"临死前才明白不应该动不动就生气，这只骆驼显然明白得太晚了。

现实生活中，让人生气令人发怒的事也许会随时发生，而作为一个有理智的人，为了安宁地、更好地工作和生活，处理各种不愉快，就需要忍气制怒，如果不忍，任意地放纵自己的感情，首先伤害的是自己。

在很久以前，有一个叫东吉的人，每次生气和人起争执的时候，他就以很快的速度跑回家去，绕着自己的房子和土地跑三圈，然后坐在田地边喘气。东吉工作非常勤劳努力，他的房子越来越大，土地也越来越广，但不管房子有多大、土地有多广，只要与人争执生气，他还是会绕着房子和土地跑三圈。

东吉为何每次生气都绕着房子和土地跑三圈？所有认识他的人，心里都很疑惑，但是不管怎么问他，东吉都不愿意说明。直到有一天，东吉很老了，他生气了仍旧拄着拐杖艰难地绕着土地跟房子走。等他好不容易走了三圈，太阳都下山了。东吉独自坐在田边喘气，他的孙子在身边恳求他："阿公，您已经年纪大了，这附近地区的人也没有人的土地比您的更大，您不能再像从前，一生气就绕着土地跑啊！您可不可以告诉我这个秘密，为什么您一生气就要绕着土地跑上三圈？"

东吉禁不起孙子恳求，终于说出隐藏在心中多年的秘密，他说："年轻时，我一和人吵架、争论、生气，就绕着房子和土地跑三圈，边跑边想，我的房子这么小，土地这么少，我哪有时间、哪有资格去跟人家生气，一想到这里，气就消了，于是就把所有时间用来努力工作。"

孙子问道："阿公，你年纪大，又变成最富有的人了，为什么还要绕着土地跑？"

东吉笑着说："我现在还是会生气，生气时绕着土地走三圈，边走边想，我的房子这么大，土地这么多，我又何必跟人计较？一想到这儿，气就消了。"

一个人要生气，总会有生不完的气。既然如此，何不更旷达地面对人生，少为一些无关紧要的小事去生气，多找快乐，过好珍贵的每一天？

英国著名作家迪斯雷利曾经说过："为小事生气的人，生命是短暂的。"如果你真正理解了这句话的深刻含义，那么你就不会再为一些不值得一提的小事情而生气了。

我们的心灵在任何时候都应该是沉着的，不要为一件微不足道的小事而生气，生气与烦恼只是展现自己面对困难时的无能而已，只有沉着与冷静才是面对困难并消灭它的最好办法。所以说，我们不应让一些小事影响了自己的心情，而应用豁达的心态去面对，这样才会有一个好结果。

中篇

不自卑

第一章 勤奋刻苦，才能获得想要的生活

幸福是由血汗造就的

没有人注定不幸，你绝对不比其他人更不幸。不要因为没有鞋子而哭泣，看看那些没有脚的人吧！绝对不要把自己想象成最不幸的人，否则，你就真正成了最不幸的人。

据说，世界上只有两种动物能达到金字塔顶：一种是老鹰，另一种就是蜗牛。

老鹰和蜗牛，它们是如此地不同：鹰矫健凶狠，蜗牛弱小迟钝。鹰性情残忍，捕食猎物甚至吃掉同类从不迟疑。蜗牛善良，从不伤害任何生命。鹰有一对飞翔的翅膀，而蜗牛背着一个厚重的壳。它们从出生就注定了一个在天空翱翔，另一个在地上爬行，是完全不同的动物，唯一相同的是它们都能到达金字塔顶。

鹰能到达金字塔顶，归功于它有一双善飞的翅膀。也因为这双翅膀，鹰成为最凶猛、生命力最强的动物之一。

与鹰不同，蜗牛能到达金字塔顶，主观上是靠它永不停息的执着精神。虽然爬行极其缓慢，但是每天坚持不懈，蜗牛总能登上金字塔顶。

我们中间的大多数人都是蜗牛，只有一小部分能拥有优秀的先天条件，成为鹰。但是先天的不足，并不能成为自暴自弃的理由。因为，没有人注定命中不幸。要知道，在攀登的过程中，蜗牛的壳和鹰的翅膀，起的是同样的作用。可惜，生活中，大多数人，只羡慕鹰的翅膀，很少在意蜗牛的壳。所以，我们处于社会下层时，无须心情浮躁，更不应该抱怨颓废，而应该静下心来，学习蜗牛，每天进步一点点，总有一天，你也能登上成功的"金字塔"。

高尔基早年生活十分艰难，3岁丧父，母亲早早改嫁。在外祖父家，他遭受了很大的折磨。外祖父是一个贪婪、残暴的老头儿。他把对女婿的仇恨统统发泄到高尔基身上，动不动就责骂毒打他。更可恶的是，他那两个舅舅经常变着法儿欺辱这个幼小的外甥，使高尔基在心灵上过早地领略了人间的丑恶。只有慈爱的外祖母是高尔基唯一的保护人，她真诚地爱着这个可怜的小外孙，每当他遭到毒打时，外祖母总是搂着他一起流泪。

高尔基在《童年》中叙述了他苦难的童年生活。在19岁那年，高尔基突然得到一个消息：他最为慈爱的、唯一的亲人外祖母，在乞讨时跌断了双腿，因无钱医治，伤口长满了蛆虫，最后惨死在荒郊野外。

外祖母是高尔基在人世间唯一的安慰。这位老人劳苦一辈子，受尽了屈辱和不幸，最后竟这样惨死。这个噩耗几乎把高尔基击蒙了。他不由得放声痛哭，几天茶饭不进。每当夜晚，他独自坐在教堂的广场上呜咽流泪，为不幸的外祖母祈祷。1887 年 12 月 12 日，高尔基觉得活在人间已没有什么意义。这个悲伤到极点的青年，从市场上买了一支旧手枪，对着自己的胸膛开了一枪。但是，他还是被医生救活了。后来，他终于战胜了各种各样的灾难，成为世界著名的大文豪。

许多人常常把自己看作最不幸的、最苦的，实际上许多人比你受的苦难还要大、还要苦，大小苦难都是生活所必须经历的。苦难再大也不能丧失生活的信心、勇气。与许多伟大的人物所遭受的苦难相比，我们个人所遭到的困难又算得了什么。名人之所以成为名人，大都是由于他们在人生的道路上能够承受住一般人所无法承受的种种磨难。他们面对事业上的不顺、情场上的失意、身体上的疾病、家庭生活中的困苦与不幸，以及各种心怀恶意的小人的诽谤与陷害，没有沮丧，没有退缩，而是咬紧牙关，擦净那饱受创伤的心所流出的殷红的鲜血和悲愤的泪水，奋力抗争，不懈地拼搏，用自己惊人的毅力和不屈的奋斗精神，为人类的文明和社会的进步做出了卓越的贡献，从而成为风靡世界的名人。

人生需要的不是抱怨、自怜，而是扎扎实实、艰苦地奋斗。人是为幸福而活着的，为了幸福，苦难是完全可以接受的。

人生的苦难与幸福是分不开的。人类的幸福是人类通过长期不懈的努力而逐步得到的，这其中要经历各种苦难，这正像人们常讲的，幸福是由血汗造就的。有些人太单纯、太简单了，他们只要幸福而不要苦难。切记，拒绝苦难的人，就不可能拥有幸福。

相信自己的价值

不论你的出身如何，不论别人是否看得起你，首先你就要自己看得起自己。只有相信自己的价值，才能保持奋发向上的劲头。要知道，上帝没有偏见，从不会轻看卑微，你所做的一切他都看在眼里。

人类有一样东西是不能选择的，那就是每个人的出身。在现实生活中，我们常常遇到这样一群人，他们以自己穷困的出身来判定自己未来的生活道路，他们因自己角色的卑微而用微弱的声音与世界对话，他们总是因暂时的生活窘迫而放弃了儿时的绮丽梦想，他们还因为自己的其貌不扬而低下了充满智慧的头颅。

难道一个人出身卑微注定就会永远卑微下去吗？难道

命运不是掌握在自己手中吗？实际上，即便一个人的身份卑微，上帝也不会轻看他，上帝偏爱的不是身份高贵的人，而是努力奋斗的人！所以，如果你出身卑微，那么努力奋斗吧，上帝一定会垂青你！

韩国平民总统卢武铉1946年出生于韩国金海市郊的一个小村庄。卢武铉的父母都是农民，靠种植庄稼和桃子为生。他的故乡十分偏远贫穷，连村里人都说"即使乌鸦飞来这里，也会因没有食物而哭着飞回去"。

卢武铉曾经说过："在韩国政坛，如果你没有钱，或者没有势力，很难当上总统候选人，更别提获胜了，然而我，这两样都没有。"有人说，卢武铉的政治经历与美国总统林肯十分相似，对此，卢武铉也有同感。林肯是美国200多年历史上为数不多的平民总统，他上任伊始就遇到美国南北冲突；而韩国的这位平民总统卢武铉，则遇上了朝鲜核危机。

1968年，卢武铉进入韩国陆军服兵役，34个月后退役返乡。卢武铉知道自己学识不够，也知道家中没有钱供他读书，于是他开始自学法律。勤奋刻苦的他于1975年4月通过韩国第17届司法考试，由此开始了自己的律师生涯。

在卢武铉的律师生涯中，他始终为社会的公正而奋斗。1981年，卢武铉勇敢地站出来，为12名被政府指控为"私藏禁书"的大学生辩护。因为此事，卢武铉有了些名气，被一些媒体称为"人权律师"。6年后，卢武铉又因支持"非法罢工"而遭逮捕，并且被剥夺了6个月的律师权。但牢狱之苦激起了卢武铉通过从政实现自己政治抱负的信念。

1988年，卢武铉步入政坛，当选为国会议员。自1992年起，卢武铉3次放弃了自己在汉城（今首尔）的优势选区，赴釜山进行议员和市长的竞选，结果接连3次饮恨釜山。一批选民被卢武铉的精神感动，自发成立了一个叫"爱卢会"的组织。该组织在民间迅速扩展，以至韩国上下掀起了一股支持卢武铉的热潮，被舆论称为"卢旋风"。凭借这股"卢旋风"，卢武铉顺利当选了议员和市长，之后又登上了总统宝座。

所以，一个人不能选择自己的出身，但可以选择自己的道路。只要踏上正确的人生之路，并能义无反顾地勇往直前，就一定能创建一番辉煌的业绩。

多年前的一个傍晚，一位叫皮埃尔的青年移民，站在河边发呆。这天是他30岁生日。但他不知道自己是否还有活下去的必要。

因为皮埃尔从小在福利院里长大，长相丑陋，身材也非常矮小，讲话又带着浓厚的法国乡下口音，因此他一直很瞧不起自己，认为自己是一个既丑又笨的乡巴佬，连最普通的工作都不敢去应聘，他没有家，也没有工作。

就在皮埃尔徘徊于生死之间的时候，与他一起在福利院长大的好朋友亨利兴冲冲地跑过来对他说："皮埃尔，告诉你一个好消息！"

皮埃尔一脸悲戚地说："好消息从来就不属于我。"

"你听我说，我刚刚从收音机里听到一则消息，拿破仑曾经丢失了一个孙子。播音员描述的相貌特征，与你丝毫不差！"

"真的吗，我竟然是拿破仑的孙子？"皮埃尔一下子精神大振。想到自己的爷爷曾经以矮小的身材指挥着千军万马，用带着科西嘉口音的法语发出威严的军令，他顿时感到自己矮小的身材同样充满力量，讲话时的法国口音也带着几分威严和高贵。

第二天一大早，皮埃尔便满怀自信地来到一家大公司应聘。结果，他竟然一应即聘。

10 年后，已成为这家大公司总裁的皮埃尔，查证了自己并非拿破仑的孙子，但这早已不重要了。

所以，每一个人都应该相信上帝是公平的，只是有时上帝会和人类开个小小的玩笑，会把那些聪慧的宠儿放在卑微贫困的人群中间，就像我们常把贵重的物品藏在家中最不起眼的地方一样，如此让他们远离金钱和权势，让他们从一出生就在黑暗的穴洞中徘徊，看不到光明，以此来作为对他们的考验。

上帝一定会青睐那些从黑暗中走出来的人——他们有

着坚强的生存意识、果敢的斗志、不屈的傲骨和出众的天赋。他们必将会在某个有价值的领域脱颖而出。请相信命运的公正吧！一个人只要知道自己将到哪里去，那么全世界都会给他让路。

懒惰是一种精神腐蚀剂

记得有位哲人说过："懒惰，像生锈一样，比操劳更能消耗身体——经常用的钥匙总是闪闪发亮的。"懒惰，不但让你一事无成，还会贻害无穷。

谁都知道，深海里氧气稀薄，但为了生存，很多动物不得不根据深海里的环境来进化自己：它们尽量减少活动或者干脆不动。长期蛰伏在一处，以减少身体对氧气的需求。所以，尽管深海里环境恶劣，还是有不少动物顽强地生存了下来。最近，美国的一家海湾水族馆研究所，由克雷格·麦克莱恩领导的一项研究发现，生活在深海里的动物渐渐减少的原因，居然不是因为氧气的减少，而是因为氧气的增多。

在南加州海域，就因为移植了大量含氧海藻，而导致许多深海动物消失。人们以为含氧海藻能够改善深海动物的生存环境，没想到反而害了那些动物。因为含氧海藻是一种能够制造氧气的深海植物，是普通海藻造氧量的100倍。

照理来说，增加了氧气的深海对鱼类应该是一件有益的事，可是因为千百年来，那些长期蛰伏于一处不动的深海动物已经适应了缺氧的环境，突然有新鲜的氧气注入，便容易产生氧气中毒。不会氧气中毒的方法只有一个，那就是迅速改变原有的生活习惯，改静止为动态。只有不停地游动，才能够加速呼吸，让过量的氧气排出体外，这样，过量的氧气不但对它们构成不了威胁，反而会让它们更加具有活力。

所以，生活在深海中的动物很快便会分为两种：一种因为无法改变自己原有的"懒散"的生活习性而变得无所适从，甚至被"淘汰"了；而另一种则一改往日的静止而快速行动起来，因为适应了由大量氧气注入的新环境而变得"如鱼得水"。

克雷格·麦克莱恩最后得出结论：不是氧气害了那些深海动物，而是它们自己的懒惰习性害了它们。

对从事任何种类工作的人而言，懒惰都是一种堕落的、具有毁灭性的东西。懒惰、懈怠从来没有在世界历史上留下好名声，也永远不会留下好名声。只有多行动，依靠自己的辛勤劳动，才能创造美好未来。

20世纪初叶，一个华人泥瓦匠在美国洛杉矶北部一条铁路附近建了一座很漂亮的塔。他在那里打工时认识了一个比他小20岁的黑人姑娘。他天天买甜饼给她吃，后来二人渐渐有了感情，黑人姑娘就嫁给了他。那块空荡荡的荒地就是他为她而买下的，住房像一个工棚，很简陋，但后院却很大。黑人妻子坚持要在后院修建一个游泳池，起初他依了她，但后来他还是不顾她的阻拦把游泳池拆了，要改建成一座塔。修塔的时候，他也说不上有什么目的。他发动自己的孩子和周围的儿童去捡碎酒瓶和破瓷片，然后他再粘贴在塔上。妻子认为建塔没有什么用，他不听，妻子就带着孩子们走了。他一个人每天一点一点地建，总共花了 34 年的时间，终于把塔建成了。

但最后他却走了，把房子、院子和塔都交给了邻居的老头儿看管。当地警长要拆毁这个塔，说它不安全，倒下来会砸伤人。可一位大学教授呼吁全社会保护那座塔，并请来了力学专家鉴定塔的安全性能。专家用 10000 磅的拉力也没有拉倒塔，证明塔是坚固的，于是作为重点文物保护下来，那位大学教授也因保护那座塔而声名远播。

世界上有很多的事情最初是看不出它的端倪的，就说那个华人泥瓦匠建的塔，他随意而建，毫无目的，于是，当他日积月累地建成了，就成了一件建筑艺术品，就成了珍贵的文化遗产。那位支持他的大学教授对那座塔进行过多年研究，并在三藩市找到了已 78 岁的建塔老人。大学教授把他请上讲台，要他给大学生做一次学术报告，讲讲当年建塔的原始冲动。他说："我当初建塔就像咳嗽一样地忍不住。"大学生们笑了，教授补充说："这是老先生的幽默，而我们应该领会到他所表达的一个真理，那就是艺术家都有最原始的创作冲动。"

大凡灵感都像咳嗽一样忍不住，会产生一种原始的冲动，而将那种原始的冲动付诸实施，就会成就一件艺术品或者某种发明创造。当然，原始的冲动也是厚积薄发的，它来源于勤思与实践。一个懒惰的人，灵感是不会光顾他的。

懒惰是一种精神腐蚀剂。因为懒惰，人们不愿意爬过一个小山岗；因为懒惰，人们不愿意去战胜那些完全可以战胜的困难。因此，那些生性懒惰的人不可能在社会生活中成为一个成功者，他们永远是失败者。成功只会光顾那些辛勤劳动的人们。

勤奋能创造最好的自己

古人说得好："一勤天下无难事。"勤奋能塑造卓越的伟人，也能创造最好的自己。爱因斯坦曾经说过："在天才和勤奋之间，我毫不迟疑地选择勤奋，它几乎是世界上一切成就的催化剂。"高尔基还有这么一句话："天才出于勤奋。"卡莱尔更激励我们说："天才就是无止境刻苦勤奋的能力。"

大凡有作为的人，无一不与勤奋有着深厚的缘分。古今中外著名的思想家、科学家、艺术家，他们无不是勤奋耕耘走向成功的典型。

1601 年的一个傍晚，丹麦天文学家第谷·布拉赫卧在床上，生命已经垂危。他的学生德国天文学家开普勒坐在一张矮凳上，倾听着老师临终的话："我一生以观察星辰为工作，我的目标是 1000 颗星，现在我只观察到 750 颗星。我把我的一切底稿都交给你，你把我的观察结果出版出来……你不会让我失望吧？"

开普勒静静地坐着，点了点头，眼泪从脸颊上流下来。

为了不辜负老师的嘱托，开普勒开始勤奋工作。但是他的继承引起了布拉赫亲戚们的嫉妒，不久，他们合伙把作为遗产的底稿全部收了回去。无情的挫折没能使开普勒屈服，他日夜牢记着老师的托付"我的目标是 1000 颗星"。开普勒顽强地进行实地观测，每天只睡几个小时，吃住都在望远镜边，开始了枯燥单调的天文工作。751，752，753……20 多年过去了，终于在 1627 年，开普勒实现了老师的遗愿。

天才出自勤奋，伟大来自平凡的努力，没有人能随随便便成功。没有细致耐心的勤奋工作，也不会有大的成就。

所谓勤，就是要人们善于珍惜时间，勤于学习，勤于思考，勤于探索，勤于实践，勤于总结。看古今中外，凡有建树者，在其历史的每一页上，无不都用辛勤的汗水写着一个闪光的大字——"勤"。

德国伟大诗人、小说家和戏剧家歌德，前后花了58年的时间，搜集了大量的材料，写出了对世界文学和思想界产生很大影响的诗剧《浮士德》；马克思写《资本论》，辛勤劳动，艰苦奋斗了40年，阅读了数量惊人的书籍和刊物，其中做过笔记的就有1500种以上；我国著名的数学家陈景润，在攀登数学高峰的道路上，翻阅了国内外相关的上千本资料，通宵达旦地看书学习，取得了震惊世界的成就。

记得有人说过："天才之所以能成为天才，只不过是因为他们比一般人更专注更勤奋罢了。"的确，没有人能只依靠天分成功。上天只能给人天分，只有勤奋才能将天分变为天才。

曾国藩是中国历史上最有影响力的人物之一，然而他小时候的天赋却不高。有一天在家读书，他把一篇文章反反复复地朗读了不知道多少遍，还是没有背下来。这时候他家来了一个贼，潜伏在他的屋檐下，希望等曾国藩睡觉之后捞点好处。

可是等啊等，就是不见他睡觉，一直翻来覆去地读那篇文章。贼人大怒，跳出来说："这种水平读什么书？"然后将那文章背诵一遍，扬长而去！

贼人是很聪明，至少比曾先生要聪明，但是他只能成为贼，而曾先生却成为近代史上的风云人物。其中奥妙何在？无非一个勤字。"勤能补拙是良训，一分辛苦一分才。"

可见，任何一项成就的取得，都是与勤奋分不开的，古今中外，概莫能外。伟大的成功和辛勤的劳动是成正比的，有一分劳动就有一分收获，日积月累，从少到多，奇迹就可以创造出来。

无论多么美好的东西，人们只有付出相应的劳动和汗水，才能懂得这美好的东西是多么地来之不易，因而愈加珍惜它。这样，人们才能从这种"拥有"中享受到快乐和幸福。

勤奋是一种人生信念

心理学家乔治·哈里森这样说："懒惰是一种不能按照自己的本来意愿行事的精神状态，是缺乏意志力的表现。"虽然很多人都说自控力与懒惰并没有关系，但我们不能否认，失控真的是我们在惰性心理影响下导致行动力减弱而形成的一种坏习惯。

的确如此，在若干种因素导致的失控中，懒惰是最为常见的。比如说当我们早知道自己长期不运动已经导致体重超标，我们也知道能用什么方法可以减去身体多余的赘肉，可是我们却迟迟不肯行动，以至于拖延着让不健康的生活继续，让体重继续增加。这就是懒惰带来的恶果。

张峰接到老板的任务：一周内起草与甲公司的销售合同，这对法律专业出身的他简直是小菜一碟。

第一天，手头上其他工作本来可以结束，但他想明天做完再动手也不迟。

第二天，有突发事件耽误了一上午，下午下班前他才勉强将原有工作完成。

第三天，他刚准备起草合同，同事工作上遇到困难请他帮忙耽误了一上午，下午他也没心情做，心想：周末的两天足够了，不急。

结果第四天一帮朋友搞了个聚会，他整整玩了一天，晚上喝得酩酊大醉。

就这样，他一直睡到次日中午，起来头还晕得厉害，吃了几片药又躺下休息。

第六天上班后的例会上，老板问他完成任务没有，他撒谎说差不多了，只是有些数据需要核实，明天就能交上。

开完例会他立刻动手，才发现这个合同书远没想象中那么简单，涉及许多他不熟悉的领域，而且还需要许多实证数据的支持，就是三天也未必能完成！

由于合同没有按时拟好，影响了与客户签约，老板对他进行了严厉批评，还在公司内进行通报批评，张峰羞愧得无地自容。

案例中的张峰因为养成了拖延工作的习惯，而失去了行动的主动权，最终让自己狼狈不堪。

失控和懒惰之间存在着不可分离的关系。失控在惰性中滋生，而惰性是失控的纵容者。失控不一定是懒惰，但懒惰肯定会失控。这两者结合在一起，便成为将你灵魂和身体侵蚀一空的绝佳借口，而它们都有着让人上瘾的特性，越是懒惰越是失控，如此持续下去，有可能会消磨你的意志，阻碍你的发展。

其实想要拒绝懒惰也并没有多困难，最有效的方法就是让自己勤奋起来。亚历山大曾经说过："虽有卓越的才能，而无一心不断的勤勉、百折不挠的忍耐，亦不能立身于世。"成功人士知道"无限风光在险峰"，只有努力攀登，才能有"一览众山小"的豪情。

早起的鸟儿有虫吃。勤奋是一种需要长久坚持的人生信念，只有将"勤奋"二字作为自己永久的座右铭，才能在人生中实现成功。

比尔·盖茨在参加博鳌亚洲论坛 2007 年年会期间，在一次与中国网友网上讨论时，接受了近两万名网友的提问。其中，大家向比尔·盖茨问得最多的问题是："你成功的主要原因是什么?"比尔·盖茨的回答是："工作勤奋，我对自己要求很苛刻。"

在微软创业初期，比尔·盖茨就异常勤奋努力。微软老员工鲍伯·欧瑞尔说出了他 1977 年进入微软公司时比尔·盖茨的工作状态："那时候比尔满世界飞。他会亲自跑到各个公司跟人家谈，比如得克萨斯州设备、施乐公司、德国西门子公司、法国公牛机器公司等。那些公司会有一大帮技术、法律、销售及业余人员围着他，问他各种问题。比尔经常单枪匹马参加世界各地的展览会，推销产品。比尔整天都在销售产品，有时他刚出差回来就连续上班 24 小时，累了就在办公桌下睡一小会儿。"

虽然微软的员工们工作非常卖力，但都勤奋不过他们的老板比尔·盖茨。事实上，比尔·盖茨至今依然如此勤奋努力，哈佛商学院的案例中有这样的说法："盖茨好像就住在办公室，他每天上午大约 9 点钟来到办公室后，就一直待到半夜，休息时间似乎就是吃比萨饼外卖这顿晚饭的几分钟，吃完后他又继续忙开了。"

每个精英的故事中都有类似的描述。当你羡慕别人坐拥巨富享受高品质生活时，当你妒忌别人拿着高薪坐着高位时，当你看到机会总是让别人遇到时，你也许会抱怨世界真不公平。但是，当你抱怨不公平时，是否反省过："我有他们那么勤奋吗?"

古罗马有两座圣殿：一座是勤奋的圣殿，另一座是荣誉的圣殿。他们在安排座位时有一个次序，就是必须经过前者，才能达到后者。勤奋是通往荣誉的必经之路，那些试图绕过勤奋，寻找荣誉的人，总是被荣誉拒之门外。

很多人总是在抱怨自己命运不济和人生的难以捉摸，其实命运本身却不如人们所言那样神秘莫测。洞察明了生活的人都了解：幸运和机遇通常伴随于那些勤奋努力之人，而不是那些懒惰之人。

在心里永葆奋斗的激情

奋斗是人生永恒的主题，即使那些功成名就的人，丢失了奋斗的激情，也会失去人生中大部分的快乐。

父亲退休时已有六十多岁了。在那以前，他做了三十多年乡间邮差，一个星期有六天他都跋涉在佐治亚州东北部的山区里，为人们送信。

在他八十岁生日时，我写给他一封信，信中特别说了几句表示孝心的话。我说我们全家人都希望他身体健康，心情愉快，能够在欢乐中安度晚年。总之，我希望他永远快乐。信的最后，我建议他和我母亲不要再干活了，应当完全放松自己，好好歇息。我认为，父亲操劳了一辈子，现在他们终于有了舒适的家和丰厚的退休金，几乎有了他们想要的一切，应该学学如何享受生活了。

后来，父亲回信了。他首先感谢我的好意，然后笔锋一转："虽然我很感谢你的赞美，但是让我完全放松自己却吓了我一跳。"父亲承认没人喜欢走坑洼不平的路，"但是如果我事事都顺心如意，从来都碰不到困难的话，那或许是世界上最糟糕的事了。"

父亲在信中写道："人生的意义不在于马到成功，而在于不断求索，奋力求成。每一件有意义的事都需要我们以坚强的信念去完成，这样，我们的生活才会更加充实，意志更加坚强。"

从他流畅的行文中，我似乎看到了父亲写信时高兴的表情："我们一生中最美好、最愉快的日子，不是还清了所有欠款的时候，也不是我们真正得到这套靠血汗换来的住所的时候，这都不是。我记得在很多年前，我们全家挤在一套很小的住宅里，为了糊口，我们拼命工作，根本分不清白天还是黑夜。直到现在，我都不明白当时为什么不知道什么叫累，又怎么会不觉得生活是那么美好。我想大概是因为我们那时是在为生存而奋斗，是为保护和养活我们所爱的人而拼搏吧。"

心理学家说，每个人做事都渴望一帆风顺，但这是很难实现的。因此我们不要苛求生活中没有艰辛，要理解人生的意义不在于马到成功，而在于不断求索的道理。人活着就需要不断奋斗，不管你年龄几何，不管你家境如何，只有奋斗，才能让你感受到生活的价值和生存的意义。

生活中的很多年轻人深深懂得奋斗的意义和价值，他们不做生活的旁观者，而是努力做生活的参与者、主宰者。在年轻时，你需要告诉自己：生活重要的是追求，而不是到达。我们要拒绝平淡，告别无为，让我们的青春在阳光下真正地飞扬起来、激荡起来。奋斗是一支水彩笔，在青春的舞台上，你要充满热情地挥舞自己手中的画笔，努力描绘自己美好的未来。

做平凡也不做平庸

平凡与平庸是两种截然不同的生活状态：前者如一颗使用中的螺丝钉，虽不起眼，却真真切切地发挥作用，实现价值；后者就像废弃的钉子，身处机器运转之外，无心也无力参与机器的运作。

平凡者纵使渺小却挖掘着自己生命的全部能量，平庸者却甘居无人发现的角落不肯露头。虽无惊天伟绩但物尽其用、人尽其能，这叫平凡；有能力发挥却自掩才华，自甘埋没，这叫平庸。

世间生命多种多样，有天上飞的，有水中游的，有陆上爬的，有山中走的；所有生命，都在时间与空间之流中兜兜转转。生命，总以其多彩多姿的形态展现着各自的意义和价值。

"生命的价值，是以一己之生命，带动无限生命的奋起、活跃。"智慧禅光在众生头顶照耀，生命在闪光中见出灿烂，在平凡中见出真实。所以，所有的生命都应该得到祝福。

"若生命是一朵花就应自然地开放，散发一缕芬芳于人间；若生命是一棵草就应自然地生长，不因是一棵草而自卑自叹；若生命好比一只蝶，何不翩翩飞舞?"芸芸众生，既不是翻江倒海的蛟龙，也不是称霸林中的雄狮，我们在苦海里颠簸，在丛林中避险，平凡得像是海中的一滴水、林中的一片叶。海滩上，这一粒沙与那一粒沙的区别你可能看出? 旷野里，这一堆黄土和那一堆黄土的差异你是否能道明?

每个生命都很平凡，但每个生命都不卑微，所以，真正的智者不会让自己的生命陨落在无休无止的自怨自艾中，也不会甘于身心的平庸。

你可见过在悬崖峭壁上卓然屹立的松树? 它深深地扎根于岩缝之中，努力舒展着自己的躯干，任凭阳光暴晒，风吹雨打，在残酷的环境中它始终保持着昂扬的斗志和积极的姿态。或许，它很平凡，只是一棵树而已，但是它并不平庸，它努力地保持着自己生命的傲然姿态。

有这样一个寓言让我们懂得：每个生命都不卑微，都是大千世界中不可或缺的一环，都在自己的位置上发挥着自己的作用。

一只老鼠掉进了一只桶里，怎么也出不来。老鼠吱吱地叫着，它发出了哀鸣，可是谁也听不见。可怜的老鼠心想，这只桶大概就是自己的坟墓了。正在这时，一只大象经过桶边，用鼻子把老鼠吊了出来。

"谢谢你，大象。你救了我的命，我希望能报答你。"

大象笑着说："你准备怎么报答我呢？你不过是一只小小的老鼠。"

过了一些日子，大象不幸被猎人捉住了。猎人用绳子把大象捆了起来，准备等天亮后运走。大象伤心地躺在地上，无论怎么挣扎，也无法把绳子扯断。

突然，小老鼠出现了。它开始咬着绳子，终于在天亮前咬断了绳子，替大象松了绑。

大象感激地说："谢谢你救了我的性命！你真的很强大！"

"不，其实我只是一只小小的老鼠。"小老鼠平静地回答。

每个生命都有自己绽放光彩的刹那，即使一只小小的老鼠，也能够拯救比自己体形大很多的巨象。故事中的这只老鼠正是星云大师所说的"有道者"，一个真正有道的人，即使别人看不起他，把他看成卑贱的人，他也不受影响，因为他知道自己的人格、道德，不一定要求别人来了解、来重视。他依然会在自我的生命之旅中将智慧的种子撒播到世间各处。

有人说："平凡的人虽然不一定能成就一番惊天动地的大事业，但对他自己而言，能在生命过程中把自己点燃，即使自己是根小火柴，只能发出微微星火也就足够了；平庸的人也许是一大捆火药，但他没有找到自己的引线，在忙忙碌碌中消沉下去，变成了一堆哑药。"

也许你只是一朵残缺的花，只是一片熬过旱季的叶子，或是一张简单的纸、一块无奇的布，也许你只是时间长河中一个匆匆而逝的过客，不会吸引人们半点的目光和惊叹，但只要你拥有积极的心态，并将自己的长处发挥到极致，就会成为成功驾驭生活的勇士。

第二章 博击风雨，为激情插上奋飞的翅膀

拥有激情也就拥有圆满的人生

有句话说："兴趣是最好的老师。"同样的事情交给同样能力的人去做；有兴趣的人往往能做得更为出色。原因不是别的，就是因为兴趣为人提供了一种不竭的激情。正是这样的激情，使得同样的事情有了不同的结果。

没有激情的人生只能是一潭死水，对工作没有激情，便只是被动地完成手头的工作；对生活没有激情，便只是机械地从一天到另一天耗费生命；对未来没有激情，便只是徒增岁月而不增收获。

人生，就是因为拥有激情，才有了所有的美好。只有处处激情的人生，才是处处满意的人生。

甲和乙是同学，他们同时毕业，同时参加工作。在同学眼里，无论是在技能上还是在智商上，甲都比乙强得多，他们认为将来甲肯定要比乙混得好。而且乙看起来又傻又

笨的，肯定没什么发展。在甲眼里，乙就是一个傻乎乎的小兄弟。

两年过去了，甲还是一事无成，而乙进步飞快，还被单位评为"技术能手"。为什么仅仅两年时间变化如此之大呢？

刚踏出校门的时候，甲认为自己很聪明，觉得自己做这样的工作是大材小用，对于工作毫无激情，也没兴趣，遇到困难，总是找各种借口躲开。久而久之，他变得懒惰，在领导、师傅眼里，也留下了烂泥扶不上墙的坏印象。结果对他彻底失去了信心，最后放弃他，不管他了。而他也慢慢地自我放弃了，到最后连温饱都成了问题。

乙从一参加工作，就带着一股充满激情的"傻劲"，遇到问题，本来与自己无关的事，其他人躲都来不及呢，他却偏去琢磨。时间一久，在单位里，从领导到师傅都喜欢上了乙的这股激情的"傻劲"，认为这小伙子是个可塑之才，就有意培养。乙也就进步飞快，新点子、新方法层出不穷，时不时就给人来个新的惊喜，为单位创造了不少的收益，结果被单位评为"技术能手"。

正是由于乙从始至终都带着一种对工作的激情，才让乙从一个不被看好的、被认为没有任何发展前途的人摇身一变，成为一个被单位同事敬重的"技术能手"。而甲从一开始就对工作没有激情，仅凭借着自己的一点小聪明逃避困难和责任，不求上进，久而久之，从一个意气风发的高才生沦落为一事无成的人。甲和乙的差距就在于没有激情。

有了激情就有了想要把事情做成功、做好的欲望。没有能力、经验和资金都不可怕，我们可以通过学习、奋斗、寻找和积累来弥补，可怕的是没有激情。如果没有了激情，我们就不想做任何事情；如果没有了激情，在遇到困难和挫折的时候，我们就没有克服困难的力量；如果没有了激情，我们做任何事情都觉得无趣，因为我们失去了鞭策和激励我们向前奋进的动力。激情的缺失是我们通过学习、奋斗、寻找和积累弥补不了的。

拥有了激情也就拥有了奇迹，同时也就拥有了处处圆满的人生。

以激情来面对工作的人，才能收获工作的成功；以激情来面对生活的人，才能拥有生活的精彩；以激情来面对他人的人，才能赢得他人的热情……我们很多时候就像是和生活打一场壁球，运气、机遇等不过是将我们打出的球弹回来的墙壁，只有我们一开始就带着激情发球，才可能得到满意的回馈。

激情是获得成功的动力和力量，有了激情，通往成功道路的一切障碍都会迎刃而解。激情是照亮幸福的一盏明灯，让我们满怀激情地去创造属于我们的奇迹，处处有激情，才能处处有满意。

心有多大舞台就有多大

有一句古话："望乎其中，得乎其下；望乎其上，得乎其中。"意思是说，做一件事，如果你的理想是达到中等水平，结果你只可能拿个下等；但是，如果你把目标定位在上等水平，你就有可能取得中等水平。

人生如同一栋栋大厦，有的直指青天，有的却低矮阴暗；有的坚不可摧，有的摇摇欲坠。是什么造成了这些不同？答案便是理想。

我们都知道，在盖楼之前一定要有明确的规划，绘制出清晰的蓝图，然后根据规划和蓝图打地基、建房子。那些楼房盖得高的，一定是从一开始就明确了"摩天大楼"的目标，因此建最牢固的地基，在这个明确理想的指引下步步为营。而那些只想着建一层看一层的人，房子盖到两三层就因为地基或其他种种限制而无法建得更高了。

人生也是如此，微小的希望只能产生微小的结果，只有从一开始就树立起"摩天大楼"的崇高理想，才能攀登上成功的高峰。

林肯说过："喷泉的高度不会超过它的源头，一个人的事业也是这样，他的成就绝不会超过自己的信念。"只有拥有了很大的目标，对生活抱了更高的希望，不懈去追求高度的人生，才能够得到更大的成功。

一位伟大的诗人曾这样说过：

我向生命再次讲价，生命却已不再加酬，夜里无论如何祈求，当我计数薄财依旧。生命乃一公正雇主，任何祈求他愿给付，然而一旦酬劳讲定，汝之劳役汝须担负。向来辛劳只为薄薪，陡然恍悟，早知如果要求生命定出高价，生命原来皆愿允诺。

当我们同生命一再讲价，当我们把理想一再折损，当我们将希望一再抛弃，我们的人生也就变成了廉价的打折品。

古语说，"会当凌绝顶，一览众山小"。我们要想有一番作为的话，就应该给人生一个更大的参照物，登高望远天高地阔。只有对人生抱有更大的希望，追求高度的人生，才能够得到更大的成功，人伟大是因为目标伟大。

在一个建筑工地上有三个泥瓦工，有人问道："你们在做什么？"

第一个工人头也不抬地说："砌砖。"

第二个工人抬了抬头说："我正在赚钱。"

第三个工人热情洋溢、满怀憧憬地说："我正在建造世界上最美的殿堂。"

十年后，前两人依然是普普通通的砌砖工人，而第三个工人已然是当地赫赫有名的建筑师。这是为何呢？第一个工人成为一名这个手艺行当里的老师傅，只不过他仍然是一个砌砖的泥瓦匠，因为他心里只有砖；第二个工人成为这个建筑工地的工长，因为他心中有一面墙；而第三个工人有"远见"，心中装着的是一座殿堂。

人生的未来就像一座大厦的落成，最终的高度取决于最初的希望，也就是我们每个人都拥有的目标。一个人心中的希望只有大到足以让他的意识与潜意识有反应，才能产生坚定的信念，才能赢得人生的辉煌。当我们多了一分毅力，多了一分坚持，那么我们就多了一分成功的可能，这样我们才能如愿以偿，摘得胜利的桂冠。

心中没有对人生更高希望的人，是很难赢得成功的青睐的，只能做一个平庸者。正如俄罗斯文学家列宾所说："没有坚定原则的人是无用的人，没有崇高理想的人是空虚的废物。"心有多大舞台就有多大，同样地，希望若小，成就便小。希望若辽阔如海，人生便也可以在通向成功的广阔天地间自由驰骋。

学会在风雨里微笑着前进

人的一生中，有阳光明媚的白天，也难免有凄风苦雨的夜晚。当不幸降临时，我们可以选择蜷缩在角落哭泣，也可以用坚强的心给自己点上一盏明灯。

世界上没有迈不过去的坎儿，即使是喜马拉雅山，也有人可以站在山顶征服它。不幸也好，困境也好，对于没有足够勇气挑战它、足够毅力征服它的人来说，就是一道不可逾越的高墙；而对于有着坚强内心的人来说，它更意味着一道门，通往人生崭新的境界。

的确，不幸的降临会让人感到委屈和沮丧，但委屈和沮丧之后，不要忘记要努力地去和不幸抗争。不管怎样，我们要认清楚这样一个真理：无论生活是公平的还是不公平的，都应该摆正自己的心态。在这个世界上，没有人能解救我们，真正帮我们从不幸中解救出来的只有自己坚强勇敢的心。

海伦·凯勒在一岁半的时候因发高烧差点丧命。她虽幸免于难，但她再也看不见、听不见，接着她又丧失了语言表达能力。万幸的是，她并不是个轻易放弃的人。

她去触摸、去嗅各种她碰到的物品。她模仿别人的动作且很快就能自己做一些事情，例如挤牛奶或揉面。她甚至学会靠摸别人的脸或衣服来识别对方。她还能靠闻不同的植物和触摸地面来辨别自己在花园中的位置。

海伦靠手指来感受家庭教师莎莉文小姐的嘴唇，用触觉来领会她喉咙的颤动、嘴的运动和面部表情，甚至在听不见的情况下学会了说话。最终她凭借自己的努力考入了美国哈佛大学的拉德克利夫学院。在大学学习时，许多教材都没有盲文本，要靠别人把书的内容拼写在手上，因此海伦预习功课费的时间要比别的同学多得多。

就在这黑暗而又寂寞的世界里，海伦以优异的成绩毕业，成为一个学识渊博，掌握英、法、德、拉丁、希腊五种文字的著名作家和教育家。她的《假如给我三天光明》感人至深。之后，她走遍美国和世界各地，为盲人学校募集资金，把自己的一生献给了盲人福利和教育事业。她赢得了世界各国人民的赞扬，并得到许多国家政府的嘉奖。有人曾如此评价她："海伦·凯勒是人类的骄傲，是我们学习的榜样，相信众多的因疾病而聋、哑、盲的人都能在黑暗中找到光明。"

海伦·凯勒有一颗坚强、乐观的心，尽管在她的生命中有过很多不幸，但她并没有向命运屈服。她以自己不息的奋斗告诉我们：不管遇到什么样的不幸，我们都要用坚强的心向命运发起挑战，要用自己的肩膀和双手将自己从不幸中解救出去。

那些将不幸打败，并最终走向平坦大道的人会告诉你：不幸并没有那么难以打败，只要学会坚强，学会在风雨里微笑着前进，并积极地去学习、去创造，就一定会把自己从糟糕的生活中解救出来。

巴尔扎克说过："不幸对于懦夫是万丈深渊。"在这个世界上，没有人想做懦夫，但很遗憾，因为实力不济、意志力不坚定，千秋万代的懦夫总是层出不穷。懦弱使他们一次次掉进万丈深渊，轻则受伤，重则万劫不复。

正在苦难中煎熬的你是要做勇往直前的勇者，还是做退缩不前的懦夫呢？懦夫容易做，只不过一旦做了，就注定一辈子无法从不幸的泥淖中走出来。做勇者虽然苦些、累些，但只要咬牙坚持一下，就能亲手改变自己的命运，让自己获得幸福。

放下执念，接受现状

"风来疏竹，风过而竹不留声；雁过寒潭，雁去而潭不留影。故君子事来而心始现，事去而心随空。"生活中有很多东西就是如这过疏竹的风、过寒潭的雁，无论我们怎样努力也抓不住。其实，万物到头来都是一场空，与其执着于不可得之事，不如放宽心胸。当你将双臂紧紧抱在胸前的时候，你什么都得不到，而当你张开双臂，你就拥抱了整个世界。

生而为人，很多事情我们都无法选择，我们不能选择自己的出身，不能选择自己的境遇。每个人都想成为温室中名贵的牡丹，然而若天不遂人愿，那么就放下执着，来一点蒲公英的精神，无论落在怎样的境况，都可以随遇而安；无论落入多贫瘠的土壤，都努力地向深处扎根，美丽地向天空开放。如此，便也可以拥有自己的芬芳与美丽。

有一个从小喜欢计算机的年轻人，在十年寒窗后如愿考入了某大学计算机专业，然而毕业时却赶上计算机行业人才饱和，一直找不到工作。为了生活，他不得不放下计算机梦而转行去做了销售。

因为梦想未能达成的失落，年轻人总觉得自己做销售是屈了才，工作时心里总是充满了委屈和不甘，业绩也一直不好。而业绩的不佳使年轻人在自己的岗位上干得更加无味，眼看同事一个个买车买房，自己却还是勉强温饱。

年轻人逢人就抱怨自己怀才不遇，每天去工作都觉得是种痛苦。

后来一位长者听了年轻人的抱怨，就劝慰年轻人说："既然你现在的工作是销售而不是计算机，那么你再恨现在的工作也无济于事，只能平添烦恼。不如随遇而安，接受现在的工作，把计算机当作爱好，就能在你目前的工作中做出成绩。"

年轻人听了老者的话，反思了自己之前的态度。他开始认真对待起现在的销售工作，并且利用自己对计算机的知识，开发了一款可供消费者对他所销售的产品进行全方位了解的软件。这款软件使得公司的业绩一路上升，而他的才能很快就得到了老板的赏识，老板为此特地设立了一个 IT 部门由他来负责。他的计算机梦也由此得到了实现。

放下执着、接受现状是一种智慧的生活态度，它可以使人保持一颗平静的心，使人能够理性地去看待生活和工作中的得与失、起与落。只有走出自己抱定了的执念，才能在各种逆境中"失之东隅，收之桑榆"。

放下执念，就是换个角度、换个心态看问题，心灵获得自由，生活也就有了无限可能。

当上天给你出了一道看似无解的难题，让你的生活变得不顺利时，不要急着去埋怨；放下自己长久以来执着的东西重新审视自己的境遇，也许你会发现，造成你的困境的仅仅是你的执念，是你看不开、放不下。如果换个角度放下执着，你会发现，你以为失去一切的绝境，原来是拥有一切的开始。

主动接受风浪最强的锻炼

晚来天阴，乌云齐聚，山脚寺院里传来诵佛的声音，其中一个小和尚由于走神，敲木鱼的时候明显节奏不对，时快时慢，似有什么心事。

住持不悦，问小和尚为何心不在焉。小和尚吞吞吐吐，终于说出了原委。原来多日前小和尚上山时，发现一只失去母亲的雏鹰，他看小鹰无依无靠，就给它在山崖上垒了一个窝，让它居住，每日照顾。现在，眼看着大雨将至，小和尚担心小鹰的性命。

"不必担心。"住持说，"雄鹰都能搏击风雨，你护得了一时，也护不了一生。"

一夜暴风骤雨, 第二天, 小和尚匆忙赶去山崖, 没走几步, 就看到一只翅膀长好的雏鹰在湛蓝的天空中飞翔, 小和尚终于相信了住持的话。

雏鹰的翅膀如何能变得结实? 要靠它一次次冲向天空, 甚至搏击风雨。正如故事中住持所说, 成长是一个人的事, 没有人能照顾你一生一世。而风雨就是锤炼的过程, 你经历过, 战胜过, 就成了强者, 就有了更多对抗困难的资本。故事中的小鹰在风雨后飞上天空, 生活中的我们也同样需要在苦难中洗净铅华。

人们经常为自己的处境产生焦虑心理。世事难以如意, 所有的路程都不能一帆风顺, 总会出现或大或小的波折, 灰心丧气在所难免。特别是自己不论如何努力都做不好, 别人却轻轻松松步步高升时, 那种焦虑更加明显, 足以让人睡不着觉。现代人为什么那么容易失眠? 因为他们认为自己机会不多, 必须抓紧每一个, 所以才会事事担心, 希望事事顺利。可是, 焦急的结果常常是事与愿违, 让他们更加一蹶不振。

苦难是财富, 还是屈辱? 当你战胜了苦难时, 它就是你的财富; 可当苦难战胜了你时, 它就是你的屈辱。

风雨中, 如何保留一颗慧心, 让每一次磨难将原本混沌的心境打磨得更圆润、更明晰? 这需要你坚定自己的目标, 要明白所有风雨不过是锤炼, 你不能跟着它东倒西歪,风雨越是猛烈，你越是要抱定目标，不屈不挠。要知道，在乎流言的人，只能被流言拖着走；在乎成功的人，只会向目标奋起直追。还是那句话，你在乎什么，就决定你能得到什么。

被动地接受锤炼，不如主动锤炼自己。一开始就处在顺境中的人，其实比逆境中的人更危险。他们习惯了风平浪静，走得越远，就越不知道如何应对风暴。而那些从逆境中跋涉而来的人，身经百战，早已习惯了周详布局，临危不乱。在年轻的时候，不要追求所谓的顺利，主动接受风浪最强的锻炼，只要通过考验，你会获得一生中最宝贵的财富：经验、勇气、智慧，还有生生不息、不向任何环境低头的力量。

用对手激发潜能

一个人永远不会知道自己能跑多快，除非身后有一只猛虎在追；一个人也永远不会知道自己的事业究竟能达到怎样的高度，除非有一个强劲的对手和自己相互竞争。

如果人生是一场赛跑，那么朋友就是你的啦啦队，他们永远给你鼓励、给你支持，让你即使在落后的局面仍不放弃；而对手却是你不断超越自己不断向前飞奔的动力，让你在这场比赛中成就最辉煌的自己。

今年30岁的马瑞事业有成，当记者问起他的成功之道时，他毫不犹豫地回答："因为我擅长向对手学习。"

从小学开始，马瑞就擅长给自己寻找对手，他始终盯着班上学习最好的学生，观察他的听课方法、解题思路、阅读书籍，按照对方的方法加倍努力。从小学到高中，马瑞靠着向第一名学习，取得了优异的成绩。到了大学，他给自己确立了更多的对手，也学到了更多的东西。进入社会以后，这个方法更让他如虎添翼。马瑞认为一个优秀的人应该博采众长，从对手身上能学到最优秀、最有用的东西，再加上好胜心，自己会格外努力。

马瑞又说，对手并不是敌人，他和其中几个对手是无话不谈的好友，直到现在还保持联系。

提起对手，人们最先想到的都是敌意、竞争这些词语，事业有成的马瑞用自己的经验告诉他人：对手不一定是敌人，相反，他们会给你最多的启示、最大的激励。马瑞从小学就在对手身上学习优秀的习惯，他的成功既来自自身的努力，也来自他为自己选择了好的对手。

想要获得成功不是一件容易的事，除了一股不服输的精神，还要为自己寻找适当的目标，以对手的成就激励自己，努力突破。这个"适当"需要用心把握，目标太高，容易产生心理落差；目标太低，胜利太过简单，没有难度。一个人想要出人头地，一定会遇到对手。就像在同一个跑道，你很努力地向前跑，却发现有些人始终在你前面，无论你怎样加劲也无法超过他们，这样的人就是对手。对手会给你带来更多的磨难，甚至会导致你的失败和绝望，但是，没有对手的人生是寂寞的。就像金庸笔下的独孤求败，走遍大江南北想找一个对手，却只能每天面对着悬崖绝壁，与神雕为伴，体会高处不胜寒的孤寂感。

在拳击运动员的圈子里，年少的拳击手们梦想着有一天能够站在擂台上。擂台的另一边是泰森或者霍利菲尔德，因为能与世界拳王打擂台，证明他们也有拳王的潜能。在拳击界，一个能够选择对手的人才有真正的实力。对手的强大恰恰能体现他的价值，证明他的优秀，想要进步的人善于寻找对手，定下的目标越高，就越有拼劲，越能激励自己，甚至学到最多的东西。

想要超过对手，先要学习对手。从对手那里我们可以学到更多的东西，能够被我们视为对手的人，在某些方面一定比我们强上很多，这个时候，对手就是现成的学习样板，我们可以本着"拿来主义"的精神，直接将他们优秀的经验消化吸收，还能够从他们的失败中总结教训。学习对手的优点，不犯对手的错误，是很多人的成功法则。当一个人掌握了对手的全部优点和缺点，知己知彼，自然能百战百胜。

对手并不是敌人，有可能是亲密的朋友，有可能是自己的亲人、爱人，只要发现有人在某一方面非常优秀，自己也想要达到那个人的标准，都可以将那个人视为对手，以此激励自己。一个善于选择对手的人也善于定位自己的人生，他选择的对手就是他追求的价值。要感谢我们的对手，他们的存在不断地激起我们的斗志，磨砺我们的韧性，使我们的人生更加精彩、更加丰富。

敢于坚持就能获得想要的结果

一位心理学家说，生活真是有趣：如果你只接受最好的，你经常会得到最好的。只要你敢于坚持，往往都能获得自己想要的结果。

有一个人经常出差，经常买不到对号入座的车票。可是无论长途短途，无论车上多挤，他总能找到座位。

他的办法其实很简单，就是耐心地一节车厢一节车厢找过去。这个办法听上去似乎并不高明，却很管用。每次，他都做好了从第一节车厢走到最后一节车厢的准备，可是每次他都不用走到最后就会发现空位。他说，这是因为像他这样锲而不舍找座位的乘客实在不多。经常是在他落座的车厢里尚余若干座位，而在其他车厢的过道和车厢接头处，却人满为患。

他说，大多数乘客轻易就被一两节车厢拥挤的表面现象所迷惑，不细想在数十次停靠之中，从火车十几个车门上上下下的流动中蕴藏着不少提供座位的机遇；即使想到了，他们也没有那一份寻找的耐心。眼前一块小小立足之地很容易让大多数人满足，为了一两个座位背着行囊挤来挤去有些人也觉得不值。他们还担心万一找不到座位，回头连个好好站着的地方也没有了。与生活中一些安于现状、不思进取、害怕失败的人，永远只能滞留在没有成功的起点上一样，这些不愿主动找座位的乘客大多只能在上车时最初的落脚之处一直站到下车。长长的车厢就像是我们的人生旅途，一开始我们都要用自己稚嫩的肩膀去扛起沉甸甸的梦想，在前行的过程中我们承受着一次又一次的失败，在实践中我们迷失过，彷徨过，想放弃人生想要到达的终点。可是最终我们没有选择放弃，因为我们知道，生活就是在实践的反反复复中找到方向，没有试过，永远不知道原来生命中还有那么多的可能和希望。于是，我们勇敢着，自信着，执着着，一路风尘地奔向属于我们的未来。

宋代诗人陆游有云："纸上得来终觉浅，绝知此事要躬行。"心理学家分析说，有过一次失败的经历你会对你的成功更有把握，失败后对成功的再次冲击，将教会你如何调整自己的方法，自己的情绪，自己的目标，使你更加有经验，更加从容地去面对走向成功旅途中的重重困难。

第三章　接受失败，从中得到刻骨铭心的教训

要试着接受失败

天底下没有永远不幸的人，遇到挫折和失败的时候，不要一味地抱怨、后悔、自责，有时候应该学会换个角度、转个弯来考虑这个问题。

曾经，互联网上流传着这样一封信，它是英国的凯恩斯写给朋友的，在信中他这样说：

很小的时候，我就一直渴望考入剑桥大学。为了这个理想，我倾注了自己全部的心血，我所付出的巨大努力使我坚信，日后剑桥一定有我的一席之地，根本不可能发生意外。可是，这只是我的想象而已。后来，我得知自己根本没有被剑桥录取，这个消息让我觉得整个世界都粉碎了，我觉得再没有什么理由支撑着我活下去。我开始忽视我的朋友、我的前程，我抛弃了一切，既冷淡又怨恨。我决定远离家乡，把自己永远藏在眼泪和悔恨中。

当我清理自己物品的时候，我突然看到一封早已被遗忘的信——已故的父亲给我的信。他在信中写了这样一段话："不论活在哪里，不论境况如何，都要永远笑对生活，要像一个男子汉，承受一切可能的失败和打击。"我把这段话看了一遍又一遍，觉得父亲就在我的身边，正在和我交谈。他仿佛在对我说："坚持，不管发生什么事，向它们淡淡地一笑，继续活下去。"现在，我每天的生活都充满了快乐，虽然没有进入剑桥，虽然又遭遇了几次失败，但我终于知道，笑对失败就是对失败最大的报复，一味地哭泣只能让失败愈加嚣张。今天，这种积极的心态已经给我带来了巨大的成功。

有句话说："不要为打翻的牛奶哭泣。"其实它和凯恩斯要告诉我们的道理一样：当你遭遇了失败和挫折的时候，若是一直哭泣，一直沉浸在自责和痛苦中，那只会让自己更加悲伤，甚至丧失斗志。而那杯已经打翻的牛奶，也永远不可能再重新回到杯子里。面对生命中的一些失败和打击，我们不要抱怨客观因素，要学会从错误中得到刻骨铭心的教训，然后忘记错误，重新开始。要做到这一点并不难，只要你具备足够的勇气。因为失败和挫折就如同屋子里的尘埃，只要你轻轻一掸，就可以拥有一个清净亮丽的开始。

临近大学毕业的时候，别的同学都在忙碌着工作的事

情，而岑威却想自己创业。他曾经给一家私立大学做过代
理招生，这让他萌生了举办一个成人教育班的念头。毕业
后，他东挪西借凑了几万元钱，终于把教育班办了起来。

起初，教育班发展得还不错，可是因为缺乏经验又疏
于财务管理，岑威只顾着将资金投入到广告宣传、租房和
日常开销上，却忽略了一个重要的问题——成本核算。结
果，他的教育班虽然引起了不错的社会反响，可他自己所
得的经济效益并不好，干了几年下来，不仅没有赚到钱，
反倒将当初借的那些钱也赔了进去，这几年他算是竹篮打
水一场空。

这一次的创业失败给岑威造成了很大的打击，他抱怨
自己的疏忽大意，自责没有考虑周全，这种状况持续了几
个月的时间。那段日子，岑威整天闷闷不乐，有时候就一
个人喝闷酒，神情恍惚，根本没有心思重新发展自己的
事业。

一天，岑威在街上闲逛，突然遇到了自己大学时的老
师。那位老师当初很欣赏岑威，如今看到他憔悴不堪的样
子实在不解。当岑威将自己的事情告诉老师之后，老师想
了想，真诚地对他说："事情都过去了，你现在后悔有什么
用呢？这只能让你心情越来越糟，意志越来越消沉。你要
试着接受失败，从这些失败中汲取经验和教训。你还年轻，
完全可以重新开始。"

听到老师的一番话，岑威感觉自己不再彷徨了。很快，他就振作了起来，充满激情地投入到了自己的事业中。

在工作和生活中，谁都可能暂时地作出愚蠢或者失策的行为，不同的是，有些人选择改正错误继续前行，有些人则沉浸在失败中自怨自艾，无法走过这个难关。诚然，遭遇了巨大的打击之后，要重新振作需要巨大的勇气，有些人事先没有心理准备，因此失败降临之后，他们便乱了方寸，除了抱怨和痛苦不知该如何是好。

其实，你可以试着这样宽慰自己：告诉自己事情可能没有自己想象的那么糟糕，让自己暂时喘一口气，然后再慢慢消化这些问题；多思考为什么会出现这样的失败，找到原因，客观地分析，以此为鉴；学会放下痛苦和过去，重新开始。

如果此刻的你也在遭受着挫败的打击，不妨由衷地告诉自己："不要为打翻的牛奶哭泣。"有些事已经无法改变，那就试着改变心态吧！汲取失败的教训，然后轻装走向下一次的成功。

不要以成败论英雄

任何一场比赛，有赢家，也有输家。赢的人无不兴高采烈，而输的人却各有不同。有的人，输了比赛便垂头丧气；有的人，却懂得享受比赛本身，懂得从失败中发现不足，取得进步。这样不同的心态，让同样失败的结果，对于人生却有了不同的意义。

不是每朵花都会结出果实，但是花朵本身就已是这株植物的意义；不是每段旅途都有美丽的终点，但那些沿途的风景就是旅行的意义；人的一生，不是每次努力都有收获，不是每次付出都有所得，更不是每次拼搏都能获得胜利。

生活在这个快节奏的时代，每个人都是奔跑者。各自都在扮演着不同的角色，奔跑的目的也各不相同。也许你奔跑了一生，也没有到达目的地，没有到达胜利的巅峰，但是无论如何，只要在奔跑的过程中我们努力了、拼搏了，其中的经历感受到了，那就是成功的人生，也就是真正的英雄。

夕阳西下，在看似平静的草原上，狮子和羚羊都在自己的领地上暗暗沉思。

狮子想，当明天太阳升起的时候，我就要奋力奔跑，以追上跑得最快的羚羊；羚羊想，明天太阳升起的时候，我要奔跑，以逃脱跑得最快的狮子。

第二天，狮子发现了正在专心吃草的羚羊，立刻飞奔过去，羚羊警觉地发现了朝自己冲过来的狮子，不顾一切地开始逃命。

最后狮子没有追到羚羊，被其他的动物嘲笑了一番。

狮子说:"我跑不过是为了一顿晚餐,而羚羊跑是为了自己的生命,它当然要跑得更快了。"

这一次狮子没有追到羚羊,但那又如何呢?狮子并不因为这一次的失败就丧失百兽之王的地位,追到羚羊也好,没追到也好,这都是生活的一部分。

生活本来就是平凡的,丰功伟绩只能是平凡的生活中的一个亮点,却不能论成败。就是说,无论做什么工作,只要能认真踏实地做出一点别人所无法替代、重复不了的工作,哪怕是一个很小的方面,也算是一种成功。所以,在任何时间,我们都切莫以成败论英雄。

在人生道路上,只要毅然追寻自己的理想,无论成功与否,只要你真诚地付出了,努力了,在这个人生的舞台上,你就是英雄。

我们对《老人与海》的故事都并不陌生,古巴的一位老渔夫圣地亚哥一连84天都没有钓到一条鱼,几乎快要饿死了,但他不肯认输,终于在第85天的时候,在海中钓到一条身长18米的大马林鱼。

但是这条鱼实在太大,渔夫明知道对方力量比自己强,他还是决心战斗到底。他尝试了一次又一次,与对方奋战了三天三夜,最终杀死了那条大马林鱼,并把它绑在船后,准备拖回家。

在归程中渔夫又一次遭到鲨鱼的袭击,他用尽自己的一切力量来反抗：鱼叉没了，他把小刀绑在桨把上乱扎；小刀折断了，他用短棍；短棍也丢了，他用舵把来打……最后回港时大马林鱼只剩鱼尾和一条脊骨。

这个故事，结果看似是失败了，但是渔夫勇敢面对失败，在暴力、死亡面前保持人的尊严和勇气，即便结果是失败，但在过程中，却战胜了自己，战胜了困难，这怎能不算是一种成功呢？更何况，他从中体味到与困难的生死较量是任何人都感受不到的，谁又能说这是一种失败呢？

成功和失败都是生命的意义，最灿烂的花——无论玫瑰、百合还是郁金香，往往不是为了结出最丰硕的果实而开放的。如果过程足够灿烂，如果在路途中已经尽过最大努力，那么就算结局失败又有什么关系？

成功的乐趣绝不仅仅在于享受目标达成的那一刻，更在于享受达成目标过程中的激情、艰辛甚至磨难！所以，在任何时候，我们都不要以成败论英雄，不要认为自己没能达到目标就是失败。要知道，成败的结果只是人生过程中一个小小的插曲，唯有过程才是永久的，所以，在任何时候，我们都要学会给自己鼓掌，学会欣赏自己，如此你将获得无比精彩的人生。

不能败在心志和信仰上

荀子说："君子博学而日参省乎己，则知明而行无过矣。"意思是说，君子要广泛地学习，并从所学中自我反省，这样才能够明白事理，才能够行为无过。

一个人只有常常反省自己的行为，时时剖析自己，知道自己不善之处，方能不断改善自己、提高自己。人生的每一次挫折和失败，我们不妨都将其看作上帝给我们开的一张张罚单，只有慎重地为每一张罚单作检讨，寻找失败原因，才能走上成熟与成功之路。

不过，反省自我，要求的是"反求诸己"，是寻找自己的缺点或者做得不好的地方，这犹如用锋利的手术刀解剖自己，毫无疑问这是痛苦的，这也正是人们之所以不敢反省的主要原因。

因此，一个人若要想赢得事业上的成功和人生的辉煌，就应当改变对自省的恐惧心理，学着勇敢一点，在工作和生活中时常自省，并养成善于自省的好习惯，然后不断改正，做更加完美的自己，以完美的态度去做事。

英国著名小说家狄更斯的作品是非常出色的，他的主要作品为《匹克威克外传》《雾都孤儿》《双城记》《老古玩店》《艰难时世》《我们共同的朋友》等，均受到了读者热烈的追捧。他的成功秘诀便是自省！

在写作过程中，狄更斯对自己有一个规定，那就是没有认真检查过的内容，绝不轻易地读给公众听。每天，他会把写好的内容读一遍，每天去发现问题，然后不断改正；

作品写完后还要花上一段时间不断修改。

直到最后定稿，这一过程往往需要花费几个月甚至几年的时间。但是，正是因为这种不断自我反省、自我修正的态度，使狄更斯的作品笔墨精雅深奥、结构简练完美、悬念重重设置又富有创造性的探索。

自我反省是一次检阅自己的机会，是一次重新认识自己的机会，更是一次提升自己的机会，是自我修养的最高境界。是选择消极地逃避，还是积极地自省，将在很大程度上影响一个人的前途和命运。

为每一张罚单作检讨，是要我们能正视自己犯过的错误和自己经历的失败，只有能坦然面对自己的过错和失败，才能从失败中走向成功。

面对自己的失败并不容易，但是要知道所谓失败，仅仅是失去了这一次达成目标的机会，但同时，也得到了排除错误的一个宝贵信息。我们可以败在经验、败在技巧上，但绝不能败在心志和信仰上。意志力坚强的人懂得在失败中培养自己的恒心和毅力，并将它变成一种习惯，以至于在今后的人生长途中，无论遭受多少挫折，仍有坚持朝成功顶端迈进直至抵达为止的力量。

往往，那些懂得检讨自己失败和错误原因的人，常常以其恒心和耐力而获酬甚丰。作为吃苦耐劳、坚韧不拔的回馈，不论他们所追求的是怎样高远的目标，都能如愿以偿。更重要的是，他们还将得到比物质报酬更为可贵的经验："每一次失败都伴随着一颗同等利益的成功种子。"

最伟大的发明家托马斯·爱迪生，对于失败有着自己独特的理解，否则也不会有那千百次的"尝试"。

在研制白炽灯时，他尝试了上千种材料，均告失败。有人嘲笑他说："你永远不会成功。"爱迪生不为所动，沉下心，坚持废寝忘食地进行研究。他仔细考察每一次失败的原因，从每一次失败中汲取新的知识，而确信自己向成功又迈进了一步。

终于，他成功研制出世界上第一枚电灯泡，给世界带来了光明。而他的名字也熠熠生辉地烙印在史册上，经岁月流洗而不褪色，盛名流传至今。是爱迪生懂得正视失败，从每一次失败中进行检讨，才最终创造了非凡的成就。

当我们因为某件事而受到挫折时，不妨想想爱迪生在给整个世界带来光明前，那千百次的失败。爱迪生之所以能成功，就在于他能够从每一次的失败中检讨自己，学到新的东西。正是因为他对每一张失败的罚单作了反思，才会发明出许多当时的科学家不可企及的东西。

真正的勇士，敢于直面淋漓的鲜血和惨淡的人生。当我们接到人生的罚单时，不要沉溺于挫败感中，不要逃避，不要失望，以勇士般的精神来反思自己，从中不断得到修正和积累，最终得以蜕变为更好的自己。

敢于向不可能挑战

爱默生说："相信自己'能'，便攻无不克。"正是这种在困难面前毫不退缩的勇气，使他攻克了诸多知识难题，终成"美国发明之父"。拿破仑讲道："在我的字典里，没有'不可能'这个词。"正是这藐视一切磨难的话激励他南征北战，横扫欧洲大陆，成为法兰西第一帝国皇帝。

我们常常觉得，那些伟大的事都是由伟大的人做出的，而我们只是平凡生活中的平凡人，不可能做出什么惊天动地的事来。

诚然，每个人的能力都是有限的，但是，如果不去不断地挑战自我、打破自我，你又怎能知道自己能力的尽头究竟在哪里？如果不去尝试自己认为"不可能"的事，你又如何知道自己究竟有多大力量？打破自我才能成就自我，如果永远只做自己有把握，永远只做自己熟悉的事情，那么人生也不可能再有新的突破。

世界上没有一件事是"可能"的，也没有一件事是"不可能"的，一开始谁都不知道结果怎样。敢于打破自我，敢于向不可能挑战，这是一种振奋人心的力量，一种人类战胜自我的绝佳的精神体现。

他是一名澳大利亚残疾人，出生时只有可乐罐那么大，而且天生严重残疾，脊椎下部没有发育，医生断言他不可能活过 24 小时，建议他父亲准备后事，但是他却坚强地活了一周、一个月、一年、十年……17 岁时，他不得已做了腿部的切除手术，成了靠双手行走的"半个人"。

他的人生是充满痛苦和耻辱的，上学时周围不少小孩骂他是"怪物"，更有一些同学恶作剧地在他的课桌周围撒满图钉。有一次，他甚至被一群同班学生绑起来扔进点燃了的垃圾桶，差点送命。中学毕业后，他决定给自己找个工作，但是看到爬在滑板上的"半个人"时，那些店主都拒绝了他。

这样的人生算是相当坎坷的了，似乎他的生命已经注定是场悲剧。然而，他却勇敢而快乐地生活着，不仅能够自食其力，而且取得了一系列让正常人惊叹的成就：1994年，夺得澳大利亚残疾人网球冠军；2000 年，拿到澳大利亚体育机构的奖学金，并在全国健康举重比赛中排名第二；2000 年，获得板球、橄榄球二级教练证书，考取了驾照。后来，他先后到过 190 个国家进行演讲。

他的名字叫约翰·库蒂斯，他是享誉世界的国际残疾人激励大师。

他天生严重残疾，但他挑战死亡；他从小受尽歧视和折磨，依然笑对人生；他只能依靠双手行走，却成为运动健将。为什么他能够将诸多的"绝不可能"变为"绝对可能"？对此，约翰解释道："这个世界充满了伤痛和苦难。

有人在烦恼，有人在哭泣。面对命运，任何苦难都必须勇敢面对，如果赢了，就赢了；如果输了，就输了。但是，如果不去努力突破自己，那么你在面对之前，就已经输了。"

因为敢于突破自己，约翰·库蒂斯多了一份"我能够成功"的自信，最终得以成就自己。面对生活赋予他的一切，甜也好，苦也好，悲也好，喜也好，痛也好，乐也好，他都有勇气去承受，不畏惧困难，敢于尝试，敢于挑战自我的极限，最终成就了自己，赢得了尊重。

日本保险女神柴田和子创下了在一年之内发展 804 位业务员的惊人业绩，1988 年，更是创造了世界寿险业绩第一的奇迹，荣登吉尼斯世界纪录。此后她逐年刷新的纪录至今仍然无人打破。她不断超越和打破自己，谱写了辉煌的人生。

埃里森连续二十多年向比尔·盖茨写下战书。在他的领导下，甲骨文公司 1999 年的销售额突破 100 亿美元，盈利超过 30 亿美元，一年内增长了 40%。2000 年 9 月，公司市值达到 1840 亿美元。而埃里森在《财富》杂志年度富人排行榜上跃升到第 2 位。在向自我极限挑战的强烈企图心的驱使下，埃里森的财富增长速度之快是让人始料不及的。

世界上本没有什么倚仗魔力便获得成功的人，谁也不是天生伟大杰出的人物。开始时，人们在同一条起跑线上，只是那些成功的人总是勇于挑战自己，打破自己，让原本对自己来说似乎遥不可及的成功最终落入自己手心。

在我们做出最大的努力之前，我们永远不知道我们究竟能有多大的力量，究竟能做出多了不起的事情，重要的是永远别停止超越和打破自己。只有勇敢冲破自我的藩篱，积极地追求更好的结果、更广阔的天地、更辉煌的舞台，人生才能充满了进取，充满了辉煌，充满了新的希望。

没有人能束缚你的手脚，只要能够突破自己，就能在这广阔天地间获得最大的自由，成就最好的自己。

不怕失败，愈挫愈强

在奋进的过程中，成败都是自然的。有成功就必然有失败。但是，生活中一些人却只迷恋成功而害怕失败，有些人甚至把失败看作毁灭与灾难。有这种想法的人，就等于在自己的内心种下了失败的种子。就算你最终成功了，也不能成为真正的成功者。

而另一种人则不同，他们将失败当作上天的一种恩赐和机会，将失败看成成功的入场券，会去善待失败，微笑面对挫折，并将其转化为前进的动力，最终成为真正的大赢家。

只有走下去，路才会变长。当我们因为一次的跌倒而瘫坐在原地裹足不前时，这条道路对我们来说便结束了；

而当我们披荆斩棘地勇往直前时，这条路也就因我们的勇气和斗志而向着远方的目标延伸下去。

刘邦是汉朝的开国皇帝，与李世民、朱元璋相比，他的军事才能和各项技能似乎都很平常，但他就是凭借着屡战屡败、屡败屡战的精神，最终取得了成功，也为后世树立了值得称颂的典范。

在与项羽的较量中，刘邦曾无数次地打了大败仗。但是他却始终不气馁，屡败屡战，最终取得了成功。

有一次，敌兵追逼着刘邦，差点就让其丢命；鸿门宴上若非项羽大发妇人之仁，刘邦的一缕阴魂早已飘落黄泉。在当时，刘邦留给人们的印象就是一直在挨打，一直在逃跑。在项羽巨大身影的笼罩下，刘邦是那样的卑弱可怜。

然而，积极豁达的心态使刘邦承受住了屡战屡败的打击。他并没有消沉下去，失败的耻辱反而激起了他更大的斗志。

在死亡的威胁与对手的挑战下，刘邦的潜能一次又一次地被激发出来，直到最大限度地迸发，让他在与强敌的殊死较量中成功地实现了自我超越，最终取胜。而四面楚歌的项羽只好自刎，将江山拱手让给了刘邦。

刘邦是汉王朝的缔造者，他对汉民族的形成与发展做出了不可磨灭的贡献，而他屡败屡战的不屈意志也给我们留下了巨大的精神财富。

心理学上把不怕失败、愈挫愈强的心理变化规律称作"奋起效应"。毫无疑问，刘邦就是一个奋起效应的成功典型。他忍受了别人对他的讽刺，对他冠以失败者的帽子，但他不曾放弃脚下的道路。正是因为他的坚持向前，他脚下原本荆棘密布的路最终将他带到了他所寻求的地方。

玫琳·凯女士是美国玫琳·凯化妆品公司的董事长，她在刚开始创业时，也与所有的人一样，经历了很多的挫折和磨难。但是一次次的失败和挫折，始终没能将她打败，她不灰心，不泄气，最终成为化妆品行业的"皇后"。

20世纪60年代初期，退休回家的玫琳·凯终于忍受不了退休后的空寂生活，她决定冒一冒险，去完成她的梦想。经过一番思考，她把一辈子的积蓄5000美元拿出来作为全部资本，开始创办玫琳·凯化妆品公司。

为了支持母亲"狂热"的理想，两个儿子也来助阵，一个辞去了一家月薪480美元的人寿保险公司代理商的职位，另一个也辞去了休斯敦月薪750美元的职务，加入到母亲创办的公司中来。

玫琳·凯知道，这是背水一战，是人生的一次大冒险。如果失败，她所付出的代价是自己一辈子辛辛苦苦的积蓄，还有两个儿子的美好前程。

在公司创建后的第一次展销会上，她隆重推出了一系列功效奇特的护肤品，按照原来的想法，这次的活动会引起轰动，一举成功。可是，展销会结束后，就像晴天霹雳一样，她的公司只卖出了 1.5 美元的护肤品，这让她再也控制不住，失声痛哭起来。

回到家后的玫琳·凯对着镜子中的自己反复地问："玫琳·凯，你究竟错在哪里？"

经过认真分析，她终于悟出一点：在展销会上，她的公司从来没有主动请别人来订货，也没有向外发订单，而是希望女人们自己上门来买东西。

悟出了这点的玫琳·凯擦掉了脸上的泪水，商场如战场，玫琳·凯从不相信眼泪，哭是哭不出成功来的。从第一次的失败中站起来后，她在抓生产管理的同时，加强了销售队伍的建设。

经过 20 年的苦心经营，玫琳·凯化妆品公司由初创时的 9 名雇员，发展到了 5000 多人，由一个家族公司，发展成为国际性的公司，销售队伍达到了 20 万人，年销售额超过 3 亿美元！玫琳·凯的梦想终于实现了。

人生其实没有什么弯路，每一步都是必需的。所谓的失败、挫折并不可怕，它能教会我们如何寻求到经验与教训，是我们通向成功的必要投资。因此，在前进的过程中，如果我们遇到了挫折，千万不要哀怨、痛苦，不要让自己沉浸在悲伤之中，只有正视挫折、接受挫折，以积极的心态面对挫折，最终方能远离挫折。因为在很多时候，你所经历的挫折对你来说未必是件坏事情。就像玫琳·凯一样，如果不经历失败和挫折，不以积极的心态面对，那么，她就不可能取得巨大的成功。

婴儿学步时，谁不曾跌倒，然而不是一次次地爬起，又怎会有如今的健步如飞？人生的道路也是一样，通往成功的道路充满曲折和坎坷，只有坚定不移地走下去，脚下的路才会最终将我们引向我们期待的终点。

拿破仑说："人生的光荣不在于永不失败，而在于能够屡败屡战。"成功的人不是从开始就光辉闪耀，他们也是从无数的跌倒中爬起来，却不放弃脚下的路，路越走越长，最终让他们抵达成功的终点。

坎坷永远不是路的尽头，只要脚步不停，路便没有终点。

不要被失败打倒

广告词说得好，"一切皆有可能"。这个世界充满了奇迹，只看你是否有勇气去创造。伟人并非一开始就是伟人，在他们成就伟业之前，总会经历很长的一段蛰伏期，在这段时间里，他们会承受无数的质疑和偏见，甚至是侮辱……但不管别人怎样看待他们，就算把他们当作疯子，他们也当自己是天才，相信自己的未来，正是有着这样的心态，才能坚持到最后，创造奇迹。人要相信自己、珍惜自己，别人才会相信你，敬重你。

心理学家曾经做过这样一个实验，将两辆外形和使用程度都完全一样的汽车停放在同一个车场，打开其中一辆车的引擎盖和车窗，而另一辆则保持不动。结果发现，打开车窗和引擎盖的那辆车在 3 天之后就遭到了人们的破坏，变得面目全非，而另一辆车则没有什么变化。这时候，心理学家将完好的那辆车的玻璃打碎一块，仅仅一天之后，所有的玻璃都被别人打碎了，内部的东西也一点不剩地丢光了。

根据这个实验，心理学家得出了著名的"破窗理论"。这个理论认为：人们认为那些坏的东西即便是让它再坏一点也无妨。而对于完美的东西，所有的人都会发自内心地维护它，不愿主动破坏；而对于那些残缺的东西，大家则从来不会在意。

人们也曾经用"破窗理论"在一座城市里做过相类似的实验。

在一条一直非常干净的街道上，实验者们扔了一些生活垃圾，然后刻意不去打扫它们。过了几天，整条街道就被铺天盖地的垃圾堆满了，碎纸片和塑料袋漫天飞舞。同时，人们把另一条街道打扫得一尘不染，并且随时打扫，让这条街道时刻保持清洁。过了一段时间，人们发现，这条街道即使不去打扫也会保持整洁，总会有人主动把散落在街道上的垃圾扔进垃圾箱；如果碰到他人往地上乱扔垃圾，还会有人制止。

没有比自己放弃自己更可怕的事情了。你觉得自己的梦想是可以实现的，眼前的困难是可以克服的，时间久了，别人也会通过你的信念相信，但若是你选择破罐子破摔，那么有可能别人还要踩你一脚。

若想赢得尊重，赢得成功，你就要永远保持积极向上的心态，永不自暴自弃。

现年18岁的女孩道恩·罗根斯，出生在美国北卡罗来纳州罗恩达尔市。她出生在一个非常贫困的家庭，她和哥哥肖恩从小就跟着染有毒瘾的继父和他们的生母四处流浪。在大部分时候，他们一家人都住在没有水电的破旧房子里，只能在公共厕所里洗澡，点蜡烛念书。

有一天，罗根斯向学校老师去借蜡烛，人们才发现她的悲惨生活。由于家里没水没电，所以她和哥哥要走20分钟的路去打水，而且经常连续两三个月也不能洗澡、几星期穿同一套衣服到校。小的时候，罗根斯根本不知道自己的生活和别人有什么区别。只记得同学们给她取了个外号叫"脏孩子"。直到初中时，同学们仍然这样叫她。

更不幸的是，过了不久之后，罗根斯的父母突然扔下一双儿女悄然失踪，罗根斯和哥哥从那以后就成了没爹没娘的孤儿。由于父母的失踪，罗根斯和哥哥连一个家也没有了，兄妹俩每天晚上只好去朋友家借宿，睡在人家的沙发上。让人钦佩的是，身处逆境的罗根斯并没有因此而自暴自弃，在如此艰难的情况下，她依然坚持完成学业！

后来，罗根斯以优异的成绩考取了哈佛大学。罗根斯的事迹也被搬上了新闻，不少人都为之动容。在经历了人生的种种考验之后，罗根斯说："没有任何借口能让你自暴自弃，一个人必须尊重自己，而后才能得到别人的尊重。"

恐怕我们不会再遇到比罗根斯更倒霉的事情了，所以，我们就更没有借口去自暴自弃了。或许你的生命中也有些不完美，但是你不必为此感到难堪，你应该意识到，自己也有别人所没有的才能。如果你因为一点点的坎坷和不幸就陷入自弃当中，就不要指望获得他人的尊重，更不要指望能赢得人生了。因为从你放弃努力的那一刻起，你也在向所有人宣布，你是个彻头彻尾的失败者。

生活中，有的人在经济上、生活上或名誉上遇到一点点挫折时，就感觉承受不了，然后自暴自弃，要么逃避，要么就破罐子破摔，甚至走上报复社会的道路，认为所有人都对不起他，这些人其实就是一些输不起的懦夫。

有人害怕事业失败，有人害怕人生失败，其实这样或那样的失败都是可以通过不懈努力扭转的，就像有人说的那样："这世界上没有永远的失败！我宁可一千次跌倒，一千零一次爬起来，也不向失败低一次头。"有这种想法的人一定不会永远与失败相伴。但如果你因为这一点点的失败就自暴自弃了，恐怕就会从此失掉人生，因为自暴自弃是人生最大的失败。

生活或者事业不可能事事如意，通往赢的大道上会遇到许多障碍，但只要我们不被失败打倒，不气馁，持之以恒，始终坚定如一，最后赢的一定是我们。

其实，挫折并不能打倒我们，真正打倒我们的是自己消极的心态。你觉得不可能，那么世界充满了不可能，你觉得一切皆有可能，那么你的世界便充满奇迹。

别让挫败感给心灵带来创痛

在大多数心理学家看来，失控缘于压力以及个人效率的降低，而这些感觉综合起来，往往又会加剧失控。与失控症相连的是眼中的挫败感和一连串心理问题，因拖延未完成任务而对自己失望，继而产生挫败感。随着一次又一次相似的经历，这种挫败感周而复始。

人们常常可以在日常生活中感知到"挫败感"。人类有"自由竞争"的天性，在面对问题的时候，"战斗"或者

"逃避"是人的本能意识。结果自然也会有成功有失败，成功者当然是积极奋进的，而失败者面临的状态则是另一种了。

一旦人们预知到自己即将面临可怕的失败，人首先就会启动生理的应激机制，瞳孔开始缩小，心律开始变慢，肾上腺素暂停分泌，肌体供血紧张，头脑开始变得不那么清醒，四肢肌肉开始松弛，一切肌体运作都开始向着"收缩、退避"的方面做准备。

而在心理上，当"挫败"不可避免地到来时，我们所能够感受到的首先是巨大的恐惧、无助、慌乱、不知所措。有些人想要尽力否认自己已经遭受到了"挫败"，想方设法通过拖延以逃避这种"挫败"给自己的心灵带来的创痛。

刚出校门的艾伦给人的印象是工作非常勤奋，甚至常常通宵达旦地工作。但领导和同事眼中，他却并不是一个优秀的员工。

这并不是说艾伦的工作能力不强，他在大学阶段是公认的优秀分子，学习成绩一直名列前茅。当他进入这家广告设计公司后，原本豪情万丈的他却接连遭遇了挫败。"初生牛犊不怕虎"，他刚进公司时接手的几个项目遭遇了领导的否决，有时候绞尽脑汁连续加班的项目，领导依然不满意。频频受挫，让艾伦对失败的恐惧越来越重：

"难道我真的这么差劲吗?"这样的心理包袱让艾伦感到十分疲惫,时间一长,再接到项目时则是能缓一时则缓一时,他患上了严重的工作拖延症。拖延导致的结果是经常加班,而仓促完成的项目也不能令领导满意。在琐碎繁杂的工作中,艾伦感到自己身体中的负能量越来越大,但他却又毫无办法。

失控导致的挫败感,让人在不知不觉中选择逃避,选择后退。人一旦失去了前进的动力,后果可想而知。

那么,应该怎样调节自己来应对失控和挫败感带来的恶性循环呢?

首先,寻求稳定的心绪。对于一个有挫败感的人来说,恢复平日的镇静和从容,对于自身境况才可以有一个比较冷静客观的评价。

其次,能够对挫败本身予以足够的理解。俗话说"塞翁失马,焉知非福"。正确地认识到不是所有的竞争都可以成功,不是一定要自己永远走在一条成功的、前进的道路上。千万不要一旦受挫就万念俱灰,如果没有一颗积极准备应对挫折的心,怎能够见到更为美好灿烂的明天?

再次,要能够积极地对现实的挫败进行评估。做出相关的决定,尽量阻止失败的扩大化,把握积极主动的机会,以减少可能带来的更多更大的损失。

最后，找出失败的原因和问题所在，寻找积极应对的策略。找到可以实现的补救策略，下定决心，向失败发起进攻，千万不要用失控来应对。

对于我们而言，要克服因失败恐惧而导致的失控症，就必须要学会用发展的心态看待问题。暂时的挫败只是给自己一个加倍努力的理由，实在没有什么可怕的。

下篇

不屈服

第一章　宁折不弯，为自己打造一颗坚强的心

面对挫折要学会坚强

人生是一场面对种种困难的"漫长战役"。早一些让自己懂得痛苦和困难是人生平常的"待遇"，当挫折到来时，应该面对，而不是逃避，这样，你才能早一些坚强起来，成熟起来。以后的人生便会少一些悲哀气氛，多一些壮丽色彩。记住，只有顽强的人生才美丽，才精彩。

苏联作家奥斯特洛夫斯基在双眼失明的情况下，通过向人口授内容，完成了长篇小说《钢铁是怎样炼成的》。

美国女作家海伦·凯勒自幼双目失明，在莎莉文老师的教导下学会了盲文，长大后成长为一名社会活动家，积极到世界各地演讲，宣传助残，并完成了《假如给我三天光明》等 14 部著作。

当代著名女作家张海迪 5 岁因为意外事故造成高位截

瘫，但仍坚持自学小学到大学课程，并精通多国语言。

虽然屡遭痛苦，却能够百折不挠地挺住，这就是成功的秘密。所以，你一定要学会坚强。有了坚强，才有了面对一切痛苦和挫折的能力。

霍金是谁？他是一个神话，一个当代最杰出的理论物理学家，一个科学名义下的巨人……或许，他只是一个坐着轮椅、挑战命运的勇士。

史蒂芬·霍金，出生于 1942 年 1 月 8 日，那一天刚好是伽利略逝世三百年纪念日。

从童年时代起，运动从来就不是霍金的长项，几乎所有的球类活动他都不行。

进入牛津大学后，霍金注意到自己变得更笨拙了，有一两回没有任何原因地跌倒。一次，他不知何故从楼梯上突然跌下来，当即昏迷，差一点儿死去。

直到 1962 年霍金在剑桥读研究生后，他的母亲才注意到儿子的异常状况。刚过完 20 岁生日的霍金在医院里住了两个星期，经过各种各样的检查，他被确诊患上了"卢伽雷氏症"，即运动神经元病。

大夫对他说，他的身体会越来越不听使唤，只有心脏、肺和大脑还能运转，到最后，心和肺也会失效。霍金被"宣判"只剩两年的生命。那是在 1963 年。

霍金的病情渐渐加重。1970 年，在学术上声誉日隆的霍金已无法自己走动，他开始使用轮椅。永远坐进轮椅的霍金，极其顽强地工作和生活着。

一次，霍金坐轮椅回柏林公寓，过马路时被小汽车撞倒，左臂骨折，头被划破，缝了13针，但48小时后，他又回到办公室投入工作。

虽然身体的残疾日益严重，霍金却力图像普通人一样生活，完成自己所能做的任何事情。他甚至是活泼好动的——这听来有点好笑，在他已经完全无法移动之后，他仍然坚持用唯一可以活动的手指驱动着轮椅在前往办公室的路上"横冲直撞"；在莫斯科的饭店中，他建议大家来跳舞，他在大厅里转动轮椅的身影真是一大奇景；当他与查尔斯王子会晤时，旋转自己的轮椅来炫耀，结果轧到了查尔斯王子的脚趾头。

当然，霍金也尝到过"自由"行动的恶果，这位量子引力的大师级人物，多次在微弱的地球引力左右下，跌下轮椅，幸运的是，每一次他都顽强地重新"站"起来。

1985年，霍金动了一次气管手术，从此完全失去了说话的能力，只能用三个指头和外界交流——到目前更是只剩下眼皮了。他就是在这样的情况下，极其艰难地写出了著名的《时间简史》，探索着宇宙的起源。

霍金的科普著作《时间简史——从大爆炸到黑洞》在

全世界的销量已经高达 2500 万册，从 1988 年出版以来一直雄踞畅销书榜，创下了畅销书的一个世界纪录。

霍金的故事告诉人们，是否具有不屈不挠的精神，或许是取得成就的最大因素。虽然大家都觉得他非常不幸，但他在科学上的成就却是他在病发后获得的。他凭着坚毅不屈的意志，战胜了疾病，创造了一个奇迹，也证明了残疾并非成功的障碍。

挫折是人生成长的基石

成长其实就是不断战胜挫折的一个过程。经历过挫折的生命，便是那绚丽无比的彩虹。

城里的儿子回农村老家，发现自家玉米地里玉米长得很矮，地已干旱，可周围其他地里的苗子已长得很高。当儿子买了化肥、挑起粪桶准备浇地时，却被父亲阻止了。父亲说，这叫控苗。玉米才发芽的时候，要旱上一段时间，让它深扎根，以后才能长得旺，才能抵御大风大雨。过了个把月，一个狂风骤雨的日子，儿子果然看到除了自家地里的玉米安然无恙外，别人都在地里扶刮倒了的玉米。

种玉米的故事，似乎亦告诉我们同样的人生道理：年轻时苦一点，受一点挫折，没关系，它只会让人多一点阅历，长一点见识，并因此而坚强起来。

在生活中，挫折是不可避免的。但是，只要我们正确地看待挫折，敢于面对挫折，在挫折面前无所畏惧，克服自身的缺点，在困难面前不低头，那么，顽强的精神力量就可以征服一切。不经历风雨，怎能见彩虹。的确，人生需要挫折。当挫折向你微笑，此刻你就会明白：挫折孕育着成功。

有一位穷困潦倒的年轻人，身上全部的钱加起来也不够买一件像样的西服。但他仍全心全意地坚持着自己心中的梦想——他想做演员，当电影明星。

好莱坞当时共有 500 家电影公司，他根据自己仔细划定的路线与排列好的名单顺序，带着为自己量身定做的剧本一一前去拜访。但第一遍拜访下来，500 家电影公司没有一家愿意聘用他。

面对无情的拒绝，他没有灰心，从最后一家电影公司出来之后不久，他就又从第一家开始了他的第二轮拜访与自我推荐。

第二轮拜访也以失败而告终。第三轮的拜访结果仍与第二轮相同。

但这位年轻人没有放弃，不久后又咬牙开始了他的第四轮拜访。当拜访第 350 家电影公司时，这里的老板竟破天荒地答应让他留下剧本先看一看。他欣喜若狂。

几天后，他获得通知，请他前去详细商谈。就在这次商谈中，这家公司决定投资开拍这部电影，并请他担任自己所写剧本中的男主角。不久这部电影问世了，名叫《洛奇》。这个年轻人就是好莱坞著名演员史泰龙。

面对 1850 次的拒绝，所需要的勇气是我们难以想象的。但正是这种勇敢，这种不轻言放弃的精神，这种对自己理想的执着追求，让故事中的年轻人的梦想得到了实现。在我们实现梦想的路途中，也会不可避免地遭遇到种种挫折，让我们用执着为自己导航，坚定地竖起乘风破浪的风帆，坚信终有一天成功的海岸线会在我们眼里出现。

挫折是一座大山，想看到大海就得爬过它；挫折是一片沙漠，想见到绿洲就得走出它；挫折还是一道海峡，想见到大陆就得游过它。

挫折是可怕的，却是人生，是成长不可缺少的基石。

挫折是会给人带来伤害，但它还给我们带来了成长的经验。被开水烫过的小孩子是绝不会再将稚嫩的小手伸进开水里的。即使他再顽皮，他也会记得开水带来的伤痛。被刀子割破了手指的小孩子是绝不会再肆无忌惮地拿着刀子玩耍的，因为他知道刀子很危险。孩子们经历了挫折，但他们换来了成长的经验。这不正是我们所说的"坏事变好事"吗？

有位名人说过："勇者视挫折为走向成功的阶梯，弱者视之为绊脚石。"上天之所以要制造这么多的挫折，就是为了让你在挫折中成长。当你战胜种种挫折，蓦然回首时，你就会惊喜地发现，你成熟了。

人生没有过不去的坎儿

往往，再多一点努力和坚持便收获到意想不到的成功。以前做出的种种努力、付出的艰辛，便不会白费。令人感到遗憾和悲哀的是，面对一而再、再而三的失败，多数人选择了放弃，没有再给自己一次机会。

乔治的父亲辛曾经是个拳击冠军，如今年老力衰，病卧在床。

有一天，父亲的精神状况不错，对他说了某次赛事的经过。

在一次拳击冠军对抗赛中，他遇到了一位人高马大的对手。因为他的个子相当矮小，一直无法反击，反而被对方击倒，连牙齿也被打出血了。

休息时，教练鼓励他说："辛，别怕，你一定能挺到第12局！"

听了教练的鼓励，他也说："我不怕，我应付得过去！"

于是，在场上他跌倒了又爬起来，爬起来后又被打倒，虽然一直没有反攻的机会，但他却咬紧牙关支持到第12局。

第12局眼看要结束了，对方打得手都发颤了，他发现这是最好的反攻时机。于是，他倾全力给对手一个反击，只见对手应声倒下，而他则挺过来了，那也是他拳击生涯中的第一枚金牌。

说话间，父亲额上全是汗珠，他紧握着乔治的手，吃力地笑着："不要紧，有一点点痛，我应付得了。"

在人生的海洋中航行，不会永远都一帆风顺，难免会遇到狂风暴雨的袭击。在这种困境中，我们更须坚定信念，随时赋予自己生活的支持力，告诉自己"我应付得了"。当我们有了这份坚定的信念，困难便会在不知不觉中慢慢远离，生活自然会回到风和日丽的宁静与幸福之中。唯有相信自己能克服一切困难的人，才能激发勇气，迎战人生的各种磨难，最后成就一番大业！记住，只要你有决心克服，就一定能走过人生的低谷。

卡耐基在被问及成功秘诀的时候说道："假使成功只有一个秘诀的话，那应该是坚持。"人生道路中的很多苦难和痛苦都是如此，只要熬过去了，挺住了，就没什么大不了的。

巴顿将军在第二次世界大战后的聚会上说起这么一段经历：当他从西点军校毕业后，入伍接受军事训练。团长在射击场告诉他：打靶的意义在于，哪怕你打偏了99颗子弹，只要有1颗子弹打中靶心，你就会享受到成功的喜悦。

对于实战经验不多的新兵来说，想要枪枪命中靶心是困难的，然而，当巴顿的靶位旁的空子弹壳越来越多时，他已成了富有射击经验的老兵。

战争爆发后，巴顿将军奔波于各个战场，没有安稳感，他一度对生活产生了疑问，觉得自己像一架战争机器，不知道战争究竟要到何年何月才是尽头。

但这一切仅仅持续了不到7年。这7年里，由于倔强刚烈的个性，巴顿所经历的挫折、失意，曾经那么锋利地一次次伤害过他，令他消沉，后来他才明白：它们只不过是那一大堆空子弹壳。

生活的意义，并不在于你是否在经受挫折和磨炼，也不在于要经受多少挫折和磨炼，而是在于忍耐和坚持不懈。经受挫折和磨炼是射击，瞄准成功的机会也是射击，但是只有经历了99颗子弹的铺垫，才有一枪击中靶心的结果。

只要坚持到底，就一定会成功，人生唯一的失败，就是当你选择放弃的时候。因此，当你处于困境的时候，你应该继续坚持下去，只要你所做的是对的，总有一天成功的大门将为你而开。

查德威尔是第一个成功横渡英吉利海峡的女性，她没有满足，决定从卡塔林岛游到加利福尼亚。

旅程十分艰苦，刺骨的海水冻得查德威尔嘴唇发紫。她快坚持不住了，可目的地还不知道有多远，连海岸线都看不到。

越想越累，渐渐地她感到自己的四肢有千斤那么沉重，自己一点劲都使不上了，于是对陪伴她的船上工作人员说："我快不行了，拉我上船吧！"

"还有一海里就到了啊，再坚持一下吧。"

"我不信，那怎么连海岸线都看不到啊！快拉我上去！"看她那么坚持，工作人员就把她拉上去了。

快艇飞快地往前开去，不到一分钟，加利福尼亚海岸线就出现在眼前了，因为大雾，只能在半海里范围内看得见。

查德威尔后悔莫及，居然离横渡成功只有一海里！为什么不听别人的话，再坚持一下呢?

拿破仑曾经说过："达到目标有两个途径——势力与毅力。势力只有少数人所有，而毅力则属于那些坚韧不拔的人，它的力量会随着时间的推移而至无可抵抗。"往往，再多一点努力和坚持便收获到意想不到的成功。以前做出的种种努力、付出的艰辛，便不会白费。令人感到遗憾和悲哀的是，面对一而再、再而三的失败，多数人选择了放弃，没有再给自己一次机会。所以，无论我们处于什么样的困境，遭遇多大的痛苦，我们都应该激励自己：离成功我只有一海里，只要熬过去就是胜利！

不经历风雨，怎能见彩虹

"不经历风雨，怎能见彩虹"，任何一次成功的获得都要经过艰辛的奋斗和痛苦的磨炼，才能拥有。

老鹰是世界上寿命最长的鸟类。它可以活到70岁。要活那么长的寿命，它在40岁时必须做出艰难却重要的决定。

当老鹰活到40岁时，它的爪子开始老化，无法有效地抓住猎物。它的喙变得又长又弯，几乎碰到胸膛。它的翅膀变得十分沉重，因为它的羽毛长得又浓又厚，使得飞翔十分吃力。

它只有两种选择：等死，或经过一个十分痛苦的更新过程。

老鹰要经过150天漫长的历练，很努力地飞到山顶。在悬崖上筑巢。停留在那里，不得飞翔。

老鹰首先用它的喙击打岩石，直到完全脱落。然后静静地等候新的喙长出来。

它会用新长出的喙把指甲一根一根地拔出来。当新的指甲长出来后，它们便把羽毛一根一根地拔掉。5个月以后，新的羽毛长出来了。这个时候，老鹰才能开始飞翔，重新得到30年的岁月！

在我们的生命中，有时候我们也必须做出艰难的决定，然后才能获得重生。我们必须把旧的习惯、旧的传统抛弃，使我们可以重新飞翔。只要我们愿意放下旧的包袱，愿意学习新的技能，我们就能发挥我们的潜能，创造新的未来。

　　乔·路易斯，世界十大拳王之一，可以说是历史上最为成功的重量级拳击运动员，在长达 12 年的时间里，他曾经让 25 名拳手败在自己的拳下。

　　自从上学以后，乔伊·巴罗斯就成了同学嘲弄的对象。也难怪，放学后，别的 18 岁的男孩子从事篮球、棒球这些"男子汉"的运动，可乔伊却要去学小提琴！这都是因为巴罗斯太太望子成龙心切。20 世纪初，黑人还很受歧视，母亲希望儿子能通过某种特长改变命运，所以从小就送乔伊去学琴。那时候，对于一个普通家庭来说，每周 50 美分的学费是个不小的开销，但老师说乔伊有天赋，乔伊的妈妈觉得为了孩子的将来，省吃俭用也值得。

　　但同学不明白这些，他们给乔伊取外号叫"娘娘腔"。一天乔伊实在忍无可忍，用小提琴狠狠砸向取笑他的家伙。一片混乱中，只听"咔嚓"一声，小提琴裂成两半儿——这可是妈妈节衣缩食给他买的。泪水在乔伊的眼眶里打转，周围的人一哄而散，边跑边叫："娘娘腔，拨琴弦的小姑娘……"只有一个同学既没跑，也没笑，他叫瑟斯顿·麦金尼。

　　别看瑟斯顿长得比同龄人高大魁梧，一脸凶相，其实他是个热心肠的好人。虽然还在上学，瑟斯顿已经是底特律"金手套大赛"的卫冕冠军了。"你要想办法长出些肌肉来，这样他们才不敢欺负你。"他对沮丧的乔伊说。瑟斯顿不知道，他的这句话不但改变了乔伊的一生，甚至影响了美国一代人的观念。虽然日后瑟斯顿在拳坛没取得什么惊人的成就，但因为这句话，他的名字被载入拳击史册。

当时，瑟斯顿的想法很简单，就是带乔伊去体育馆练拳击。乔伊抱着支离破碎的小提琴跟瑟斯顿来到了体育馆。"我可以先把旧鞋和拳击手套借给你，"瑟斯顿说，"不过，你得先租个衣箱。"租衣箱一周要50美分，乔伊口袋里只有妈妈给他这周学琴的50美分，不过琴已经坏了，也不可能马上修好，更别说去上课了。乔伊狠狠心租下衣箱，把小提琴放了进去。

开头几天，瑟斯顿只教了乔伊几个简单的动作，让他反复练习。一个礼拜快结束时，瑟斯顿让乔伊到拳击台上来，试着跟他对打。没想到，才第三个回合，乔伊一个简单的直拳就把"金手套"瑟斯顿击倒了。爬起来后，瑟斯顿的第一句话就是："小子，把你的琴扔了！"

乔伊没有扔掉小提琴，但他发现自己更喜欢拳击，每周50美分的小提琴课学费成了拳击课的学费；巴罗斯太太懊恼了一阵后，也只好听之任之。不久乔伊开始参加比赛，渐渐崭露头角。为了不让妈妈为他担心，乔伊悄悄把名字从"乔伊·巴罗斯"改成了"乔·路易斯"。

5年以后，23岁的乔已经成为重量级世界拳王。1938年，他击败了德国拳手施姆林，当时德国在纳粹统治之下，因此乔的胜利意义更加重大，他成了反法西斯者心中的英雄。但巴罗斯太太一直不知道人们说的那个黑人英雄就是自己"不成器"的儿子。

漫漫人生，人在旅途，难免会遇到荆棘和坎坷，但风雨过后，一定会有美丽的彩虹。任何时候都要抱乐观的心态，任何时候都不要丧失信心和希望。失败不是生活的全部，挫折只是人生的插曲。虽然机遇总是飘忽不定，但朋友，只要你坚持，只要你乐观，你就能永远拥有希望，走向幸福。

为自己打造一颗坚强的心

每个人都有梦想，也曾为之而努力过、奋斗过，但是很多人却因为没有一颗坚强的心和持之以恒的毅力，只能给自己的人生留下深深的遗憾。所以，我们要想成就一番事业，要想实现自己的梦想和追求，就必须努力为自己打造一颗坚强的心。

一个失意的年轻人，向哲人请教成功的秘诀。哲人递给他一颗花生说："用力搓它。"年轻人用力一搓，花生的壳碎了，剩下了花生仁。然后哲人叫他再搓搓它，结果红色的花生衣也被搓掉了，只剩下白白的果肉。哲人叫他再用力搓，年轻人迷惑不解，但还是照着做了。

可是，无论他如何用力，却怎么也搓不碎这粒花生仁。

哲人还是叫他再搓搓它，结果仍然是徒劳无功。

最后，哲人语重心长地告诫年轻人："虽然屡受打击和磨难，失去了很多东西，但始终都要拥有一颗坚强不屈的心，这样才有美梦成真的希望。"

对于一个人来说，最有用的财富不是金钱名利，也不是人际资源，而是一颗坚强的心。

一个农民，初中只读了两年，家里就没钱继续供他上学了。他辍学回家，帮父亲耕种三亩薄田。在他 19 岁时，父亲去世了，家庭的重担全部压在了他的肩上。他要照顾身体不好的母亲和瘫痪在床的祖母。

20 世纪 80 年代，农田承包到户。他把一块水洼挖成池塘，想养鱼。但乡里的干部告诉他，水田不能养鱼，只能种庄稼，他只好又把水塘填平。这件事成了一个笑话——在别人的眼里，他是一个想发财但又非常愚蠢的人。

听说养鸡能赚钱，他向亲戚借了 500 元钱，养起了鸡。但是一场洪水后，鸡得了鸡瘟，几天内全部死光。500 元对别人来说可能不算什么，但对一个只靠三亩薄田生活的家庭而言，不啻天文数字。他的母亲受不了这个刺激，竟然忧郁而死。

他后来酿过酒，捕过鱼，甚至还在石矿的悬崖上帮人打过炮眼……可都没有赚到钱。

35 岁的时候，他还没有娶到媳妇。即使是离异的有孩子的女人也看不上他。因为他只有一间土屋，随时有可能在一场大雨后倒塌。娶不上老婆的男人，在农村是没有人看得起的。

但他还想搏一搏，就四处借钱买一辆手扶拖拉机。不料，上路不到半个月，这辆拖拉机就载着他冲入一条河里。他断了一条腿，成了瘸子。而那拖拉机，被人捞起来，已经支离破碎，他只能拆开它，当作废铁卖。

几乎所有的人都说他这辈子完了。但是后来他却成了南方一个大城市里一家大公司的老板，手中有数亿元的资产。

现在，许多人知道了他苦难的过去和富有传奇色彩的创业经历。许多媒体采访过他，许多报告文学描述过他。其中一个访谈令人印象深刻：

记者问他："在苦难的日子里，你凭什么一次又一次毫不退缩？"

他坐在宽大豪华的老板台后面，喝完了手里的一杯水。然后，他把玻璃杯子握在手里，反问记者："如果我松手，这只杯子会怎样？"

记者说："杯子摔在地上，肯定要碎了。"

"那我们试试看。"他说。

他手一松，杯子掉到地上发出清脆的声音，但并没有破碎，完好无损。

他说："即使有 10 个人在场，他们都会认为这只杯子必碎无疑。但是，这只杯子不是普通的玻璃杯，而是用玻璃钢制作的。我之所以能战胜苦难，就因为我有一颗坚强的心。"

这样的人，即使只有一口气，他也会努力去拉住成功的手。如果他不能成功，那么还有谁能成功呢？

每个人的心中都有一个梦想和追求，也曾为之而努力过、奋斗过，但是很多人却因为没有一颗坚强的心和持之以恒的毅力，便半途而废，只能给自己的人生留下深深的遗憾。所以，我们要想成就一番事业，要想实现自己的梦想和追求，就必须努力为自己打造一颗坚强的心。不管通向成功的道路是阳光灿烂，还是风雨兼程，我们都要始终保持这颗坚强的心，不得有半点的懈怠和屈服。相信吧，阳光总在风雨后，经历了风风雨雨、大风大浪、坎坎坷坷之后，再回味自己来之不易的成功的时候，那一定是人世间最幸福的时刻。

勇敢能改变人生的境遇

相信，很多读者都对苏联著名作家高尔基所著的《海燕》一文有着深刻的印象：

在苍茫的大海上，狂风卷着乌云。在乌云和大海之间，海燕像黑色的闪电，在高傲地飞翔。一会儿翅膀碰着波浪，一会儿箭一般地直冲向乌云，它叫喊着——就在这鸟儿勇敢的叫喊声里，乌云听出了欢乐。海鸥在暴风雨来临之前呻吟着——呻吟着，它们在大海上飞蹿，想把自己对暴风雨的恐惧，掩藏到大海深处。

海鸥还在呻吟着——它们这些海鸥啊，享受不了生活的战斗的欢乐，轰隆隆的雷声就把它们吓坏了。

蠢笨的企鹅，胆怯地把肥胖的身体躲藏在悬崖底下……

只有那高傲的海燕，勇敢地、自由自在地，在泛起白沫的大海上飞翔……

而人类，也有海燕、海鸥、企鹅等类型。有人在困境的打击下，像海燕一样无所畏惧，积极地奋起抗争；有的人在困境的打击下，只会独自呻吟，丧失了一切勇气；有的人在困境的打击下，蜷缩在角落里，不敢去面对外面的一切……面对困境，是像海燕一样积极搏击，还是一味地"独自呻吟""蜷缩在角落里"，决定了你的人生境遇。

在19世纪50年代的美国，有一天，黑人家里的一个10岁的小女孩被母亲派到磨坊里向种植园园主索要50美分。

园主放下自己的工作，看着那黑人小女孩敬而远之地站在那里，便问道："你有什么事情吗?"黑人小女孩没有移动脚步，怯怯地回答说："我妈妈说想要50美分。"

园主怒气冲冲地说："我绝不给你！你快滚回家去吧，不然我用锁锁住你。"说完继续做自己的工作。

过了一会儿，他抬头看到黑人小女孩仍然站在那儿不走，便掀起一块桶板向她挥舞道："如果你再不滚开的话，我就用这桶板教训你。好吧，趁现在我还……"话未说完，那黑人小女孩突然像箭镞一样冲到他前面，毫不畏惧地扬起脸来，用尽全身气力向他大喊："我妈妈需要50美分！"

慢慢地，园主将桶板放了下来，手伸向口袋里摸出50美分给了那个黑人小女孩。她一把抓过钱去，便像小鹿一样推门跑了。园主目瞪口呆地站在那儿回顾这奇怪的经历——一个黑人小女孩竟然毫无惧色地面对自己，并且镇住了自己，在这之前，整个种植园里的黑人们似乎连想都不敢想。

小女孩的勇敢让她最终得到了她妈妈需要的50美分。如果她也像海鸥一样，面对困难只会呻吟，那么她也会跟其他的黑人那样，不敢忤逆园主的，当然更不可能说提要钱的事了。所以不管遇到什么困难，我们都要做积极勇敢的海燕，不做呻吟的海鸥。

将自己逼上生命的巅峰

中国有句成语叫"背水一战"。它的意思是背靠江河作战，没有退路，我们常常用它来比喻决一死战。背水一战，其实就是把自己的后路斩断,以此将自己逼上"巅峰"。这个成语来源于《史记·淮阴侯列传》,这个典故对处于困境中的人来说、至今仍有着启示意义。

韩信是汉王刘邦手下的大将,为了打败项羽,夺取天下,他为刘邦定计,先攻取了关中,然后东渡黄河,打败并俘虏了背叛刘邦、听命于项羽的魏王豹,接着韩信开始往东攻打赵王歇。

在攻打赵王时,韩信的部队要通过一道极狭的山口,叫井陉口。赵王手下的谋士李左车主张一面堵住井陉口,一面派兵抄小路切断汉军的辎重粮草,这样韩信少量的远征部队没有后援,就一定会败走。但大将陈余不听,仗着兵力优势,坚持要与汉军正面作战。韩信了解到这一情况,不免对战况有些担心,但他同时心生一计。他命令部队在离井陉30里的地方安营,到了半夜,让将士们吃些点心,告诉他们打了胜仗再吃饱饭。随后,他派出两千轻骑从小路隐蔽前进,要他们在赵军离开营地后迅速冲入赵军营地,换上汉军旗号;又派一万军队故意背靠河水排列阵势来引诱赵军。

到了天明,韩信率军发动进攻,双方展开激战。不一会,汉军假意败回水边阵地,赵军全部离开营地,前来追击。这时,韩信命令主力部队出击,背水结阵的士兵因为没有退路,也回身猛扑敌军。赵军无法取胜,正要回营,忽然营中已插遍了汉军旗帜，于是四散奔逃。汉军乘胜追击，以少胜多，打了一个大胜仗。

在庆祝胜利的时候，将领们问韩信："兵法上说，列阵可以背靠山，前面可以临水泽，现在您让我们背靠水排阵，还说打败赵军再饱饱地吃一顿，我们当时不相信，然而最后竟然取胜了，这是一种什么策略呢？"

韩信笑着说："这也是兵法上有的，只是你们没有注意到罢了。兵法上不是说陷之死地而后生，置之亡地而后存吗？如果是有退路的地方，士兵都逃散了，怎么能让他们拼死一搏呢！"

所以在生活中，当我们遇到困难与绝境时，我们也应该如兵法中所说那样"置之死地而后生"，要有背水一战的勇气与决心，这样才能发挥自己最大的能力，将自己逼上生命的巅峰。在这种情况下，往往事情会出现极大的转机。

给自己一片没有退路的悬崖，把自己"逼"上巅峰，从某种意义上说，是给自己一个向生命高地冲锋的机会。如果我们想改变自己的现状，改变自己的命运，那么首先应该改变自己的心态。只要有背水一战的勇气与决心，我们一定能突破重重障碍，走出绝境。

所以我们要保持这样的心态，在使自己处于不断积极进取的状态时，就能形成自信、自爱、坚强等品质，这些品质可以让你的能力源源涌出。你若是想改变自己的处境，那么就改变自己身心所处的状态，勇敢地向命运挑战。一旦你决心背水一战，拼死一搏，你便可以把你蕴藏的无限潜能充分发挥出来，让自己创造奇迹，做出令人瞩目的成绩，登上命运的巅峰。

第二章　挖掘潜能，为自己创造出一个别样的世界

深度挖掘自己的潜能

一个人的能力极限在哪里？恐怕这个问题没人能回答上来，因为人们有着一种特殊的能力——潜能。这种能力可以说是我们的，但并不属于我们。为什么这样说呢？举个例子，潜能就像是自家土地下深埋的金子，虽然它在自家地下，但不去挖掘，这种东西就不能说是你的。

看看周围的人吧，有多少人总是抱怨自己不堪重负？其实这些人不是不能承受这些压力，而是不想去面对这些。成功人士哪一个不比我们遇到的困难多？哪一个不比我们的压力大？但他们仍旧能够坚持走下去。说到底，是因为他们开发了自己的潜能，提升了自己的能力。

在新闻当中，曾说过有个孩子情急之下为了救母搬动了汽车，在众人看来这简直不可思议，但奇迹就这样发生了，因为在关键时刻，男孩渴求救母的欲望化成了一种无

坚不摧的能量。每个人都有可能创造奇迹，只要你能够豁出去，选择拼搏。

小山真美子是日本札幌市的一位年轻妈妈，她天生身材矮小。一天，她正在楼下晒衣服，突然看到她 4 岁的儿子从 8 层的家里掉了下来，马上就要跌落在地上。

见状，小山真美子飞快地奔过去，赶在孩子落地之前将孩子接在了怀里，结果，儿子只受了一点轻伤。

该则消息很快就在《读卖新闻》发表，日本盛田俱乐部的一位法籍田径教练布雷默对此非常感兴趣。这是由于当他按照报纸上刊出的示意图仔细计算了一下时，发现从 20 米外的地方跑过来接住从 25.6 米的高处落下的物体，一个人必须跑出约每秒 9.65 米的速度才能到达，就是在短跑比赛中，这个速度也是没有人可以达到的！

后来，布雷默就专门为这件事找到了小山真美子，问她那天是怎样跑得那么快的。小山真美子回答道："是对孩子的爱，因为我不能看着他受到伤害！"于是，布雷默得出了一个结论：实际上，人的潜力是没有极限的，只要你拥有一个足够强烈的动机就能将潜能挖出来！

回到法国以后，布雷默专门成立了一家"小山田径俱乐部"，以此激励运动员要很好地突破自我。最终，布雷默手下的一位名叫沃勒的运动员在世界田径锦标赛上获得了 800 米比赛冠军。

　　当媒体的记者争抢着问他如何在强手如林的比赛中夺冠的时候，沃勒轻松地回答道："小山真美子的故事一直激励着我，因此在比赛的时候，我就始终想着，我就是小山真美子，我飞奔着是要去救孩子！"

　　不得不说，小山真美子能创造短跑速度的奇迹，凭借的是她在瞬间爆发出来的潜力，而沃勒之所以能够夺冠，也是因为受到了小山真美子救子的激励，也将自己体内的潜能挖了出来。如此看来，每个人都具有潜能，它就像一座大"金矿"，蕴藏着无穷的力量和动力。如果我们要想获得事业上的成功，肯用积极的心态将潜能发掘和利用起来，它一定会助我们一臂之力。

　　一般情况下，有不少人都认为，他人做不到的事情，自己一定也是做不到的。于是，就会习惯性地安于现状，绝不会主动去改变现状，这样一来，潜能自然就得不到开发，并且，最可怕的是，它还会随着我们年龄的增长而慢慢退化。

　　曾有专业人士调查研究，得出了这样的结论："凡是普通人，其实只开发了蕴藏在自己身上十分之一的潜能，可以说，每个人不过都处于半醒着的状态。"是啊，我们的身体就如同一个宝库，潜能就蕴藏于其中，只是因为我们都未接受过相关的潜能训练，所以，我们的潜能就不能很好地发挥出来。一旦将我们身上的潜能挖掘出来，在我们的一生中就能够起到"点石成金"的重要作用。

在现实生活中，也只有那些勇于挑战，具有强烈进取心之人，才能将潜能挖掘出来，从而取得辉煌的成就。

大家一定熟知班·德雯，他在保险销售行业里，真可谓是一位杰出人物。

他在连续数年达到了每月 10 万美元的销售业绩，并成为大家所追求的、卓越超群的百万圆桌协会会员。

他在约 50 年内，平均每年都达到了将近 300 万美元的销售额。除此之外，他的单件保单销售曾做到了 2500 万美元，甚至一个年度就超过了 1 亿美元的业绩。曾经有过数字统计，在他的一生当中，他共销售出去了数十亿美元的保单，高于整个美国 80% 的保险公司销售总额。

可以说，在销售保险的历史上，没有任何一个业务员能够超越他，然而，他实现的这一切，却是在他家方圆 40 英里内，有 1.7 万人，一个叫作"东利物浦"的小镇上创造出来的。

在谈到自己的成功时，班·费德雯不无感慨地说："我之所以能够获得成功，是因为我有一颗强烈的进取心。而那些对自己的生活方式与工作方式完全满意的人，他们却陷入了一种常态。如果这些人既无任何鞭策力，也没有进取心，那么，他们也只能在原地徘徊。"

潜能成功大师安东尼·罗宾曾经这样说过："并非大多

数人命里注定不能成为爱因斯坦式的人物，任何一个平凡的人，只要发挥出足够的潜能，都可以成就一番惊天动地的伟业。"

可以说，发挥潜能的程度是由自己的勤奋度决定的，凡是积极进取的人，就能深度挖掘自己的潜能，凡是消极懈怠的人，任何事情都会报以"得过且过"的态度，潜能自然就得不到开发和利用。

20 世纪的科学巨匠爱因斯坦，在他逝世以后，科学家们便开始研究他的大脑，最终得出了这样的结论：无论是从哪个方面衡量，爱因斯坦的大脑都和常人的一样，并没有什么特殊性。其实，这就说明了一个问题，爱因斯坦之所以能够取得常人不能取得的成功，关键就在于，他超乎常人的那份勤奋和努力。

所以说，不管我们处于人生中的哪个高峰和哪个低谷，都不要陷入满是怀疑、否定的沼泽地里，而是要以积极的心态将潜能挖掘出来，因为，无穷的潜能才是帮助我们创造人生奇迹的坚定基石。

一分耕耘，一分收获

许多人都忽略了积少才可以成多的道理，一心只想一鸣惊人，而不去勤奋努力地工作，等到忽然有一天，看见比自己起步晚的人，比自己天资笨拙的人，都已经有了可观的收获，才惊觉自己这片地里还是颗粒无收，这时才明白，不是自己没有理想或志向，而是自己一心只等待丰收，却忘记了要勤奋播种、施肥、除草。

这个世界上确实有天才，但天才不等于可以不努力。世人眼中的哈佛是世界最高学府，能进哈佛的学生一定天赋异禀，可是哈佛的校训中就告诫人们只有勤奋才能有所收获。

爱因斯坦曾说过："人的差异在于业余时间。"每人每天工作的时间都是 8 个小时，付出的也都差不多，获得回报也差不多，但要想改变自己的人生，让自己与别人不一样，那么就必须用上业余时间，谁的业余时间用在学习上的越多，那么他获得成功的概率就越大。

1903 年，在纽约的数学学会上，一位名叫科尔的数学家成功地解答了一道世界数学难题。在人们的惊诧和赞许声中，有一个人向科尔恭维道："科尔先生，你是我见过最有智慧的人。"

科尔笑了笑，回答道："我不是最有智慧的，我只是比你们更勤奋罢了。"

听到了科尔如此回答，那个人很疑惑。科尔说："你知道我论证这个课题花了多少时间吗？"

那个人说："一个礼拜。"科尔摇了摇头。

"一个月？"科尔还是摇了摇头。

那个人见到科尔否定，很吃惊地问："我的天啊，不会是一年吧！"

科尔笑了笑，回答："先生，你错了，不是一年，而是三年内的所有星期天。"

一分耕耘，一分收获的道理是永远不会变的。在成功的路上，人人都希望有捷径，能够付出最少的努力获得最大的收益，事实上这是不可能的事情，成功的唯一捷径就只有勤奋。

即便你聪明绝顶，不肯花时间、花精力，最终也会被普通人超越。

人生是一个过程，重在拼搏，无论任何人，终点都是死亡，这是没有差别的。重要的是你的过程要怎样度过，想着每天享受，那么最终定会因为之前的享受而懊悔。一开始就习惯于拼搏的人，最终会陶醉在这个过程中，到老时说不定还能写下一本厚厚的回忆录来记录自己精彩的人生。

据说哈佛大学的图书馆昼夜都开放，即便凌晨 4 点也会有很多人在那里学习。在他们看来，一生实在太过短暂，想要知道更多的真理，就需要付出更多的努力，利用每一分每一秒。

没有人应该浑浑噩噩地过日子，所有人都应该为了更好的生活而奋斗，可以是物质生活，也可以是一种精神境界，无论是哪一种，都需要你遏制懒惰的因子，这样你才能为自己创造出一个别样的世界。

曾有人问李嘉诚成功的秘诀，李嘉诚讲了这样一则故事：曾有一位从事推销行业的新人，问日本"推销之神"原一平的成功推销秘诀是什么，原一平当场脱掉鞋袜，对他说："请你摸摸我的脚板。"

这个新人满脸疑惑地摸了摸对方的脚板，十分惊讶地说："您脚底的老茧好厚呀！"原一平说："因为我走的路比别人多，跑得比别人勤。"这个新人略微沉思后，顿时醒悟。

李嘉诚讲完故事后，微笑着说："我没有资格让别人来摸我的脚板，但可以告诉你，我脚底的老茧也很厚。"当年李嘉诚每天都要背着样品的大包马不停蹄地走街串巷，从西营盘到上环再到中环，然后坐轮渡到九龙半岛的尖沙咀、油麻地。

李嘉诚说："别人8小时就能做好的事情，如果我做不好，我就用16个小时来做。"

李嘉诚早年在茶楼当跑堂，拎着大茶壶，每天十多个小时来回跑。后来当推销员，依然是背着大包一天走十多个小时的路。李嘉诚脚底的茧子未必没有原一平的厚。

勤奋是成功的根本、基础、秘诀。没有勤奋，即使你天赋奇佳，也只能碌碌无为一生。任何一项成功都不可能唾手而得。因此，人应当在年轻的时候就培养"勤奋努力"的习惯。

日本最成功的企业家之一松下幸之助说过："我在当学徒的七年当中，在老板的教导之下，我养成了勤奋的习惯。所以他人视为辛苦困难的工作，我自己却不觉得辛苦，反而觉得快乐。青年时代，我始终一贯地被教导要勤奋努力，所以，我能力提升得很快，让我抓住了很多的机会。"

机会说不定什么时候就会降临，但有时只是因为手脚慢了一步便错过了。这不是机会给你的时间太少，而是你的动作不够快。不是你的能力不够，而是你不够勤劳。就像李嘉诚说的那样，8个小时做不好的事情，就花上16个小时的时间去做。勤能补拙，只要肯付出勤劳，就没有得不来的成功。

做好当下的一切

很多时候，我们都在说要珍惜时间，但是，当回顾自己的所为时，我们又不断地抱怨自己浪费了时间。到最终，你才发现自己的生命都在浪费中度过了。当然，我们现在并没有走到尽头，所以还有扭转的机会。从今天开始，比起抱怨过去的虚度，坐待明天的到来，不如奋起努力，把握今天。

昨天已经成为过去，后悔也无济于事，而明天的问题无法预知，也无法解决，我们能把握住的只有今天。今天就在眼前，珍惜今天，不仅可以弥补昨天的不足和遗憾，更能为迎接明天的朝阳做好准备。

在纽约街区的一个屋檐下，有三个乞丐正在聊天。

一个乞丐说："如果不是去年股票暴跌，我早都成为千万富翁了……"另一个乞丐说："那是多久以前的事啦，还提呢，看着吧，我明天去对面那条街上的垃圾桶看看，说不定那里面就有张百万美元的支票，哈哈……"第三个乞丐没有言语，他觉得现在最要紧的是如何填饱肚子，而不是说着一些对自己没有意义的话，于是去别处寻找食物。而谈话的两个乞丐聊累了，开始睡觉。也许在梦中，他们正在回忆着自己辉煌的过去和构想美好的未来呢。

第二天早上，当人们起来时，两个乞丐已经没气了，而那个寻食的乞丐，正吃得香呢。

追忆、幻想都不如行动来得实在，你在想没有实际意义的事情时，你在悲天悯人而不付诸行动时，都是在浪费自己的时间。时间是生命的堆积，过去了一天就等于消逝了一天的生命，如此宝贵的时间，为什么还要用来哀叹，用来荒废、虚度呢？

你为逝去的昨天感到伤感，为即将到来的明天感到恐慌，因为你听见了时间流逝的声音，听见了生命逝去的声音，可所有人都是如此，你又有什么办法呢？还不如实际一点，抓紧今天，不荒废今天，从现在开始努力。

有一首诗说得好：

昨天已经成为过去，请不要为之叹息；

明天还只是个未来，你不必有太多的忧虑；

只有今天，才是你真正的拥有；

抓住今天，你的梦才能实现；

昨天是成功的阶梯，明天是奋斗的继续。

把握不住今天，不管你的昨天多么辉煌，也不管你的明天会有多宏伟，对现在的你来说，都是不现实的。正如惠特曼所说："我现在这一分钟是经过了过去无数亿万分钟才出现的，世上再没有比这一分钟和现在更好。"

人生是等待的过程，但又不只是等待的过程。很多时候，我们总是把今天的事情拖到明天来做，总以为明天才是自己起航的始发点，往往对明天充满期待，而对眼前的今天视而不见，但是，到了明天，又会把事情拖到下一个"明天"，却不知"明日复明日，明日何其多"？

有一个名叫里德的小伙子，长得阳光帅气，却一无所成，一无所有，生活得很是无聊。有一天，他去自己的大学老师那里诉说苦闷，希望老师能给他的未来指一条明路。

老师问他："你到底怎么了？"

里德说："我都快三十了，却还一无所有，老师，你说我该怎么办呢？你能给我指个方向吗？我现在连自己的人生价值都找不到。"听了里德的话后，他的老师笑着摇了摇头说："你觉得你一无所有，但我感觉你和别人一样富有，因为你拥有的时间和别人一样多。"

里德苦涩地说："那又能怎么样呢？它们既不能当荣誉，也不能当金钱换顿饱饭……"

老师打断了他的话，问道："难道你不认为它们很重要吗？如果有人给你 1 万美元，让你马上变为 40 岁，你愿意吗？"

"当然不愿意？"

"那么如果有人愿意出 100 万美元要你马上变成 80 岁的老翁，你愿意吗？"

"傻子才会答应这样的事。"

老师笑着说："看到了吧，其实，你很富有，因为你有足够多的时间，时间就是你的财富。"

老师觉得里德似乎还不怎么理解自己的话，于是接着说："你可以去问一个刚刚延误飞机的游客，一分钟值多少钱；你再去问一个刚刚死里逃生的人，一秒钟值多少钱；最后，你去问一个刚刚与金牌失之交臂的运动员，一毫秒值多少钱？"

听了老师的话，里德羞愧地低下了头。老师继续说："只要你明白了时间的珍贵，并珍惜它，专注于自己想做的事，那么你就会成为一个真正的富人。"

里德带着老师的教导离开了，他开始思考自己下一步该怎样做。他先找到了一份做设计的工作。两年后，他创立了自己的工作室。就在他35岁那一年，他拥有了自己的广告公司。

上帝每天给予任何人的时间都是24小时，如果你勤奋，并珍惜它，那你的生命之树就会结出串串果实；如果你是懒惰的，那你最后只能带着一头白发，两手空空地哀叹曾有的岁月。

我们要珍惜今天、把握今天，就要珍惜当下的每分每秒，组成时间的材料虽然看起来微小，却都有着各自不同的意义。要知道，这些看起来微不足道的时间可以让你的梦想成为现实，也可能让你一生平平庸庸、碌碌无为。

随着时光的流逝，一切都会改变，如果任其荒废，即使搭上整个生命，也是耗不起的。所以，不要再为走过的昨天扼腕叹息，也不要为还未到来的明天满怀豪情。把握好今天，做好当下的一切，让今天过得充实而有意义，你的生命就有了光彩，就有了无与伦比的价值。

坚持住风雨的打击

人生就是一出悲喜剧。无论是光鲜亮丽高高在上的成功者，还是身边平平淡淡的普通人，谁的人生都是风水轮流转，悲喜交加。每个人的生活都有顺风顺水之时，相对地也就有悲伤和不幸的时光。

每个人都希望自己的生活总是顺利的，人们也很容易从生活中发生的好事中汲取正面的能量。而对于逆境和不幸，人们总是唯恐避之不及。没有人希望自己的人生和悲剧沾上哪怕一丝一毫的关系，因为它是沉重且晦暗的。处在逆境的时候，人们总会不由自主地痛苦和消沉，甚至产生放弃人生的念头。诚然，人生中的不幸是值得同情的，但不幸对人生来说却也有不可估量的价值和作用，懂得这个道理的人，才能任由人生的风水轮流转，在顺其自然之中驾驭悲喜，成为时代的佼佼者。

米切尔本是一个身体健壮的青年人，但是悲剧在这一天突然降临。心情愉悦的他正骑着摩托车飞快地奔驰在一条笔直的公路上时，车祸发生了。

车行一半，当他习惯性地扭头看后方是否有车开过来时，没想到行驶在前面的大卡车突然刹车。电光石火间，米切尔为了保住性命，闪电似的将摩托车的把手压低，让车身侧倒滑进卡车底下。

没想到，就在这个危急时刻，摩托车的油箱盖突然绷开。悲剧不可抑制地发生了，油箱里的汽油溅洒出来，被摩托车和马路摩擦出的火花引燃。

当米切尔恢复意识时，全身70%的面积都被烧伤的他已经在医院的病床上躺了好几天。伤口让他痛得不能动弹，甚至连呼吸都极为困难。但是，米切尔并没有因为疼痛而放弃求生的意志，他不断地告诉自己："无论如何，我一定要活下去。"

很长一段时间，米切尔都生活在疼痛中。后来，他终于靠着坚强的意志力挺了过来，并且重新开始了新的人生与事业。可惜，命运又一次捉弄了他，因为一次飞机失事，米切尔的下半身从此瘫痪了。

在接二连三的不幸的打击下，米切尔也会委屈地想要大哭，但更多的时候，他是斗志昂扬的。就是在激昂的斗志下，身有残疾的他在当时成了美国最活跃的成功人士之一，除了事业有成外，更进入国会。

喜剧和悲剧都是每个人人生中的必修课。人人都很容易从喜剧课堂拿到高分，而悲剧的课程却艰深得多。而米切尔无疑就是悲剧课堂上一名优秀的毕业生。像米切尔这样的人，完全值得我们称为英雄，他用自己不屈的坚持和奋斗告诉我们，无论人生遇到怎样的悲剧，即使他的双腿再不能站立，他的精神却站在了人生更高的顶峰上。

茨威格说："命运总是喜欢让伟人的生活披上悲剧外衣，并且在他们前进的道路上设置重重障碍，以便让他们在追求真理的征途中锻炼得更加坚强。命运戏弄着这些伟大人物，但这是大有补偿的戏弄，因为艰苦的考验总会带来好处。"当悲剧降临到我们的人生时，既然不能逆转时间去改变已经发生的事，那么就调整心态，就当是披了一件悲剧的外衣，而只有这样的外衣，才能帮助我们穿过极寒的地带，登上成功之巅。

孟子曰："天将降大任于斯人也，必先苦其心志，劳其筋骨，饿其体肤，空乏其身，行拂乱其所为，所以动心忍性，增益其所不能。"意思是说，当上天要将一件重大的任务交给一个人时，定要先让他经历种种考验，以此磨炼他的心性，让他增添原本没有的能力。也许不是每个人都会遇到如米切尔这样巨大的悲剧，但是，如果我们能从生活的每一次坎坷中汲取前进的力量，我们就能够获得更加坚挺的脊梁，就能开创出一个崭新的人生。

沙子嵌入蚌柔嫩的肉中，似乎是蚌的不幸，蚌却在饱受磨砺的痛苦中蕴育出了温润的珍珠，成就了自己的幸运。人生有喜剧的馈赠，也总免不了悲剧的磨砺，而只有经得起这所有的悲喜，以安然的心态面对人生的福祸变换，才可能成为平凡人生里的英雄豪杰。

每一场喜剧都播撒着幸福，而每一场悲剧也都造就着英雄，因此，无论人生是怎样的一出悲喜剧，都别放弃平凡人生中的英雄梦想。要知道，只有坚持住风雨的打击，才能看到彩虹的美丽。

最辉煌也是最危险的时候

人生是一步步走出来的，这一步的失意不代表下一步的失败，同样地，这一步的得意也不能代表下一步的辉煌。然而总有一些人，喜欢把过去每一步的辉煌总放在嘴边。其实，让我们为之得意的成就只能代表过去，而不是时时拿来炫耀的资本。

美国汽车大王福特曾经说过："一个人如果自以为有了许多成就而止步不前，那么他的失败就在眼前了。许多人一开始奋斗得十分起劲，但前途稍露光明后，便自鸣得意起来，于是失败立刻接踵而来。"

诚然，有了一些成绩，我们都会不可避免地产生得意心理，但是，如果让得意常驻心间，就会慢慢腐蚀我们的心灵。时间一长，各种副作用就会接踵而来。

大宇集团曾是韩国最著名的企业。当年，大宇集团总裁金宇中拿着4美元创业，在短短的10年里，创造了超过700多亿美元的总资产。其公司在世界跨国企业中排名第

115名。可是如今，昔日辉煌的大宇集团已经不复存在，旗下的分公司纷纷倒闭，集团也因为资不抵债宣布倒闭。

中国有句古话："瘦死的骆驼比马大。"这么大的集团，怎么说倒闭就倒闭了呢？前后差距为什么如此之大？究竟是什么原因导致这样的结果？原来是金宇中在成功之后，骄傲自满，独断专行，而且做事考虑不周全。

在发展新公司的时候，他也不顾大局，大量地消耗人力、物力，盲目地扩张分公司。旗下的分公司达到600家之多，这样的结果导致企业的资金周转困难等一系列的问题，最后到了不可收拾的地步。

在商业竞争中，类似大宇集团这样的案例多得数不胜数，如南德、三株这样国内的知名企业，有哪一个不是曾经风靡一时，它们的领导人一度被传为商业界的神话。但是，好景都不长，直到销声匿迹，再也寻不到他们的踪迹。他们有一种共同点，就是沉醉于过去的辉煌，看不清眼前的形势，结果一步步走向了深渊。

一位商界名人说过："当别人都把你当作英雄的时候，你千万不能把自己当作英雄。"是的，因为没有人会一辈子是英雄，最辉煌的时候，往往也是最危险的时候。倘若被眼前的光辉所蒙蔽，自认为自己的能力不错，没有任何困难能够阻挡得住你，那么事实就会告诉你：你的想法是错误的。

所以，如果你现在正在享受着成功的喜悦，那么请你不要骄傲，也不要沉醉，因为同样有很多名人曾有过与你相同的境遇，并且他们之后，很难再取得像之前那样辉煌的成就，甚至有的人，因为骄傲让自己损失惨重。因此，可以说，人生中最重要的，不是我们现在在什么地方，拥有什么样的条件，而是我们正在朝着什么方向迈进，在付出什么样的努力！其实每个人的成功都是可以延续下去的，只要能够清除那些傲慢、得意的病菌，就仍然可以让你的成就和荣耀延续下去。

松下幸之助，被人称为"经营之神"，他在事业上取得的成就和辉煌为人所艳羡。但是，这位功成名就的企业家也并非一帆风顺，他有得意之时，但也曾经历过失意时期。

20世纪三四十年代，二战爆发了，已经步入辉煌期的松下企业陷入危机。面对这种情况，他没有每日靠回忆过去的辉煌度日，而是时时反省自己，找出自己经营上的劣势，管理上的不足。

几经思考后，他提出"重新开业"的口号。他将自己定位成一个创业的中年人，而不是一个业界有名的企业家。他对员工说："公司从33年前创办至今，这算是第一期，由1951年起算是第二期的开幕。当公司设立、开办业务的时候，一切事情都以谦虚的态度向人家学习。现在要重建我们的事业等于重新开业，我衷心期盼的是，恢复当年开办小店时的热情及对人对事的态度。"松下幸之助的努力没有白费，松下电器再次崛起，从此立足世界电子业。

"苹果之父"史蒂夫·乔布斯曾说过一句话："虚怀若谷，求知若渴。"得意之时，我们要淡定从容，并主动放下自己的辉煌。这样，我们就能够更清晰地认识自我，能客观地看到优点和不足，心灵空间也会随之变大，装入更多的成功。反之，则会沉浸在一点点的得意之中，永远迈不出这一步了。

成功是值得开心、值得回味的，但人总要向前看，不能一直停留在过去。时光不等人，不管你是通过怎样的拼搏才有了今天这样骄人的成绩，若是你不懂得巩固自己的成就，不懂得向着更高的地方努力，那么最终你将会失去一切，你的成功也不过是镜花水月，只能供你回忆罢了。

"人外有人，天外有天"。曾经的胜利，曾经的辉煌，就让它留在心底，闲来无事，偶尔拿出来安慰一下自己，没有什么不可以的，但万不可把它当成永远的荣耀，故步自封。大文豪王尔德曾说："人们把自己想得太伟大时，正足以显示其本身的渺小。"一个真正的智者，是不愿靠吃老本生存的，更不会原地踏步，而是力求百尺竿头，更进一步。

一个人如果总是沉浸在过去的得意之中缅怀，就不能发现自我、挑战自我和超越自我。其实，我们每个人都有属于自己的一份精彩，但在人生的路上前行，难免会碰到一些令自己痛苦的、迷茫的、彷徨的事情，如果你不能超越，只想投身于过去的辉煌中寻找慰藉，就会迷失方向。不如把它们当成自我的一种挑战，战胜了这些，你就开辟了人生的新篇章。

希望给了自己一个光明的未来

"怯懦囚禁人的灵魂，希望才可感受自由。"这是电影《肖申克的救赎》里主人公安迪所说的一句话。

也许，现实生活的残酷远没有电影结局所表现出来的画面那般动人，但当我们面临人生困境的时候，是绝望还是希望，却是可以从中获得启示的。就像那句话："你不必害怕沉沦与堕落，只要你能不断自拔与更新。"而这种更新的基础，就是内心永远憧憬着未来的希望。它像一扇窗，让我们不再受制于紧紧包裹着的世界，倾听内心的世界，感受自由，体味轻舞飞扬的人生。

安迪在高墙里和瑞德聊天："我希望去墨西哥的一个小岛；我希望去太平洋，用墨西哥话说，那里叫作'失去记忆的地方'；我希望有一个小旅馆；我希望有几只废弃的小船，然后自己动手把它修好，带着我的客人去海上钓鱼……"

　　而这里的高墙，就是横阻于灰暗的囚禁和纯净的自由之间的一扇屏障，是肖申克监狱的界限。更多地，它是囚禁人们内心的枷锁。

　　安迪就是要在这所监狱里残度余生的囚犯。在1947年的美国，缅因州的一位年轻的银行家安迪被指控枪杀了妻子和她的情夫，因此被判终身监禁，从此开始了在肖申克监狱里的生活。安迪并没有杀人，但在监狱里的每个人都声称自己是"被冤枉的"，因此他的申诉显得是那么苍白可笑。

　　肖申克监狱里还有另一名罪犯，是那里的"权威人物"，因谋杀罪被判终身监禁，已服刑20年，但数次申请假释都未获批准，他叫瑞德。之所以"权威"，是因为瑞德可以为囚犯们弄来香烟、糖果、酒，甚至是大麻。瑞德答应安迪帮他弄到一把岩石锤，让他雕刻石头来消磨监狱里的时光。

　　而安迪面对残酷的现实，在20年的时间里，利用这把小小的岩石锤挖通了牢墙。终于，在一个风雨交加的夜晚，安迪爬过500码的下水道，逃出牢笼。

　　获得自由的安迪揭发了典狱长的恶行，并且利用典狱长贪污受贿的钱在太平洋上买了座小岛。后来，瑞德获得假释。在一个阳光明媚的天气里，两位牢友终于在太平洋上那座自由的小岛上重逢。

不管经过多长时间，不管经历过怎样的困境，安迪的希望最终都实现了。因为，他一直相信着自己的未来，不管他生活的环境多么肮脏，他都不认为这是自己人生的终点。有多少人终其一生没能到达理想的国度，在现实中自怨自艾？其实不是命运不给你机会，而是你放弃了心中的阳光，任由乌云占领了自己的内心，让潮湿的心发霉、腐烂，最终希望也化为乌有。

希望也是一种坚持，你坚信乌云背后有阳光，就可以在漫长的黑暗中默默等待，直到阳光普照，美好到来。

诚然，生活中有太多的东西是不以人的意志为转移的，也有很多时候是令我们失望的。也许，我们做着自己并不喜欢的工作，我们一直没有缘分和自己相爱的人在一起；就连每年过生日或除夕零点时许下的愿望也都不一定能实现。太多的希望都只是在人们双手合十中跳跃，却从来没能进入过我们的生活。

然而，那长存于我们每个人心中的自由和希望，是如此迫切地需要救赎。这就如同需要一个公正的上帝，来通过安迪，安慰和拯救更多的灵魂。

在囚犯们外出劳动时，安迪争取了警卫队队长的信任，通过自己的会计专长为大家赢得了两箱冰镇啤酒。囚犯们兴高采烈地喝着久违的啤酒，而安迪只是坐在一旁微笑着注视着这一切。

就连瑞德都说，那一刻，"我们坐在春光下喝着啤酒，像自由人在修理自家的屋顶一样，我们是万物之主"。

其实，安迪冒着生命危险想要赢取的，绝非这区区两箱啤酒。他从来不曾放弃的，是他自己和其他囚犯自由的感觉，哪怕这种希望只有一点点。

从这个细节我们不难看出，尽管自己身陷冤狱，尽管自由已经被剥夺殆尽，但是安迪却从未丧失信心，一直对未来充满希望。影片中说："有一种鸟是永远也关不住的，因为它的每片羽翼上都沾满了自由的光辉。"

在最易磨灭希望的监狱里，安迪用这些方式提醒着自己和身边的人们——这世上还有无法用高墙铁栏围起的地方，这是任何人都无法随意触摸的：这便是存于每一个人心底的希望！只要有希望，一切就都有可能。

6年里，安迪每周给州长写一封信，希望得到捐助扩建图书馆。开始人人都说不可能，但他最终建成了全美最大的监狱图书馆，让囚犯们享受着音乐的洗礼，接触到外界的知识。在辅导年轻囚犯考取高中文凭时，安迪将对方揉烂的试卷从废纸篓中拾起，寄出，最终使对方获得了文凭认证。

其实，每个人都是自己的囚徒，人们在自己的心外围建起了不可逾越的高墙，在上面设置了电网，暗示自己不能逾越，或许是一种自我保护，但也是一种自我封闭。没有绝对的绝境，只有相信绝境的人。

希望让人自由，只要心存希望，就没有过不去的狂风和暴雨。相信希望，就是给了自己一个光明的未来！

第三章 把握机遇，拼出来的才是成功

机遇只偏爱有准备的头脑

天下没有免费的午餐，机遇总是偏爱那些有准备的人。这两句话并不矛盾，所有的机会都是公平的，但并不表示所有人把握机会的概率是相同的，有准备的人自然是概率大很多。

在西方流传着这样一个故事：

许多年前，一位聪明的国王召集了一群聪明的臣子，给了他们一个任务："我要你们编一本各时代的智慧录，好传给子孙。"这些聪明人离开国王后，工作了很长一段时间，最后完成了一本十二卷的巨作。

国王看了以后说："各位先生，我确信这是各时代的智慧结晶，然而，它太厚了，我怕人们不会读，把它浓缩一下吧。"这些聪明人又长期努力地工作，几经删减之后，完成了一卷书。然而，国王还是认为太长了，又命令他们再浓缩，这些聪明人把一卷书浓缩为一章，又浓缩为一页，然后减为一段，最后变为一句话。

国王看到这句话后，显得很得意。"各位先生，"他说，"这真是各时代智慧的结晶，并且各地的人一旦知道这个真理，我们大部分的问题就可以解决了。"

这句话就是："天下没有白吃的午餐。"

第一个进入太空的中国人杨利伟，为什么那么幸运？听听他的话我们就能明白："现在我一闭上眼睛，座舱里所有仪表、电门的位置都能想得清清楚楚；随便说出舱里的一个设备名称，我马上可以想到它的颜色、位置、作用；操作时要求看的操作手册，我都能背诵下来，如果遇到特殊情况，我不看手册，也完全能处理好。"如果不是经过魔鬼训练的重重考验，他怎么能在众多的后备人选中把握住这个机会呢？

我们中国人做事讲究"天时、地利、人和"，充分的准备用现在的话来说，不外乎这些因素：

1. 创新意识

机遇是意外的、异常的，因而用常规方法抓住机遇是很困难的，这就需要有创新意识，能不断寻求新的对策和方法。

2. 判断力

在人们发现的机遇中，并不是每一个意外情况都有价值，都值得探索，都有成功的希望。这就需要准确判断，从各种机遇中抓住有希望的线索，抓住有价值、有潜在意义的线索。这一点对于确定是否进一步追究机遇所提供的线索有决定性意义。

3. 观察力

具有敏锐的观察力，才能及时捕捉到看起来微不足道的偶然事件。

4. 事业心

只有把自己的思想和行为与事业紧密相连的人，才有可能把机遇与发展事业、搞好工作联系起来，为了事业而刻意求索。头脑的准备，不仅是心理、意识的准备，而且还包括经验和知识的准备。因为处理机遇很难像一般事务那样有计划、有目的、有步骤，主要是凭自身的经验、知识的积累进行决策，因此你必须有丰富的经验、渊博的知识与合理的知识结构，这样，在机遇出现时，才能触类旁通，引起注意，努力思考，做出判断。

现代社会竞争日趋激烈，一个机遇往往被几个人同时捕捉。在这种情况下，究竟谁能把捕捉到的机遇利用起来，这就要取决于实力的对比和竞争了。要取得随机决策的成功，机会和实力两个条件缺一不可。"机遇只偏爱有准备的头脑"，这是一句早为人们所熟稔的名言，其中所包含的朴素真理一次次为实践所证实。要想牢牢抓住机遇，就为机遇的来临做好准备吧。

主动给幸福创造机会

人活一生，总有那么多的事情让我们感叹：命运是如此的不公平。

运气，当我们面对人生的失意，当我们看到别人的成功和自己的平凡时，我们常常习惯性地把原因归于这两个字。

可是你有没有看到，曾经那个考试成绩总不如你的同窗最终考入了名牌大学，曾经那个找不到工作的人最终创业成功，曾经那个低声下气向你借钱的朋友最终获得成功……

运气，也许从来就没有绝对的运气。

因为，好运气能"制造"。

心态有时会决定人的命运，积极心态就是转运的阳光。它会让你看到生活的另一面正阳光灿烂，激发自身内在的积极力量和优秀品质，最大限度地挖掘自己的潜力，事情就会向有利于我们的方向发展。

电影《倒霉爱神》恰恰为我们展示了这个事实。

女主人公艾什莉好比上天的宠儿，始终受着生活的眷顾：随便买一张彩票就能够中头奖；在繁忙的纽约街头想要搭计程车，很快就有好几辆车都向她驶来；毕业后不费周折就在一家知名的公司做了项目经理。她的生活和工作可谓是一路畅通，惬意而幸运得让人妒忌。

男主人公杰克好比世上的天煞霉星，有他出现的地方就有霉运：医院、警察局、中毒急救中心，是他经常光顾的地方；新买的裤子看上去好好的，可一穿就断线；工作上他更没有艾什莉那么幸运，他不过是一家保龄球馆的厕所清洁员。

看到影片中这些零碎的片段时，众人不禁哑然失笑，但也会感慨：同样是人，怎么差别这么大？有人就是幸运，有人就是倒霉！其实，这不是运气的问题，而是心态在发挥作用。对于艾什莉来说，她的内心充满着阳光和自信，她所做的一切都在朝着最好的方向努力，这样积极的生活态度，自然让她享受到了惬意而美好的生活。反观杰克，他时时刻刻担心着厄运发生，注意力都放在了倒霉的事情上，似乎他人生的唯一目的就是避免倒霉事的发生。这样毫无阳光的心态，自然将自己置于了倒霉的阴云之下。

美国企业家理查·狄维士也曾告诫我们说："人们需要

保持着内心积极的力量，从始至终，永不放弃。特别是在人生中不如意、不顺心、不快乐的阶段，更是需要拥有充足的心灵资源来支撑度过。"

因此，等待运气不如创造运气。在面对人生中不可避免的苦境和不幸时，不要一味地沉浸在内心的阴暗和痛苦中。只要我们始终以乐观、向上、积极的态度面对人生，人生自然也会向我们露出笑脸。正如歌中唱的："只要踮起脚尖，就更靠近阳光。"

李琳出生在一个条件很好的家庭，父亲是外科医生，母亲在著名大学任教。她的家庭对于她接受教育、追求理想来说可以提供很大的帮助和支持。李琳从小就相信自己会拥有比父母更成功的事业，会让所有人都记住她的名字。上中学时，她就开始梦想成为一名模特，她个子很高，她相信自己只要能瘦下来就一定可以成为一名优秀的模特。

可是她为梦想做了什么呢？什么都没有。她每次下定决心减肥，总是禁不住零食的诱惑，有时候好不容易坚持节食了一个月，开始有了效果，却因为和朋友出去聚餐而从此前功尽弃。如今已经 30 岁的李琳常常哀叹自己运气不好，没有成为模特的命。

而另一个叫刘梅的女孩却实现了李琳的梦想。小时候的刘梅是一个小胖妞，常常因为胖受到同学的嘲笑甚至是欺负。为了改变这样的境况，刘梅戒掉了自己最喜欢的汉堡和比萨，并办了健身房的会员卡。之后整整两年，无论朋友吃着怎样的美食，刘梅都是吃着精心搭配分量的蔬菜、肉类和碳水化合物；无论学习多么忙碌，每天都要腾出一个小时锻炼身体。

这样的日子无疑是枯燥而辛苦的，然而就靠着这样的生活，当初的小胖妞变成了有着健美身材的美丽女孩，并在刚刚进入大学就被校礼仪队选中，最终在毕业后成为了一名职业模特。

有句话说得好："命运不济是失败者的借口。"如果一个人总是认定别人能够成功全是因为幸运女神的垂青，却看不到努力的作用，这样的人除了一味地怨天尤人外什么都不会，又怎么可能收获自己人生的成功？

运气不是与生俱来的，而是由人生的一举一动、一砖一瓦构筑出来的。一个从不努力的人，自然不会得到丰收的运气；一个总是怨天尤人的人，自然不会得到乐观的运气；一个永远不敢尝试新鲜事物的人，自然不会得到打破成规、创新天地的运气。

著名剧作家萧伯纳曾说过一句非常富有哲理的话："人们总是把自己的现状归咎于运气，而我不相信运气。我认为，凡出人头地的人，都是自己主动去寻找自己所追求目标的运气；如果找不到，他们就去创造运气。"所以，当我们苦苦等待，却依然没有遇到幸福的机会的时候，何不主动给幸福制造一个机会呢？

变"危机"为"良机"

并不是每一个机会都是带着桂冠来到我们身边的，有些机遇往往披着危险面罩，令很多只看表面的人望而却步。而那些善于思考的人，往往能变"危机"为"良机"。

2009 年，经济危机的影响全面来临。与 1873 年、1929 年的经济危机不同的是，1873 年只是美国国内的经济危机，1929 年则是西方国家的经济危机，而 2009 年，是全球性的经济危机。

危机来临，股票狂跌、市场疲软、无数企业倒闭、工人失业、大学生就业困难，人们的生活陷入了混乱之中。但是，当危机肆虐的时候，难道我们就没有应对它的法宝了吗？答案是否定的。

从"危机"一词的组合中我们可以看出：危险中往往蕴藏着新的机会。那些善于思考的人，往往能变"危机"为"良机"。这里有三个故事，也许会给今天的我们一些启发。

第一个故事：

从前有一座名城最繁华的街市失火，火势迅猛蔓延，数以万计的房屋商铺在一片火海之中顷刻之间化为废墟。有一位富商苦心经营了大半生的几间当铺和珠宝店，也恰在那条闹市中。火势越来越猛，他大半辈子的心血眼看毁于一旦，但是他并没有让伙计和奴仆冲进火海，舍命抢救珠宝财物，而是不慌不忙地指挥他们迅速撤离，一副听天由命的神态，令众人大惑不解。然后他不动声色地派人从家乡河流的沿岸平价购回大量木材、石灰。当这些材料像小山一样堆起来的时候，他又归于沉寂，整天逍遥自在，好像失火压根儿与他毫不相干。

大火烧了数十日之后被扑灭了，但是曾经车水马龙的城市，大半个城已经是墙倒房塌，一片狼藉。不几日，宫廷颁旨：重建这座城市，凡销售建筑用材者一律免税。于是城内一时大兴土木，建筑用材供不应求，价格陡涨。这个商人趁机抛售建材，获利颇丰，其数额远远大于被火灾焚毁的财产。

第二个故事：

有位经营肉食品的老板，在报纸上看到这么一则毫不起眼的消息：墨西哥发生类似瘟疫的流行病。他立即想到墨西哥瘟疫一旦流行起来，一定会传到美国，而与墨西哥相邻的两州是美国肉食品的主要供应基地。

如果发生瘟疫，肉类食品供应必然紧张，肉价定会飞涨。于是他先派人去墨西哥探得实情后，立即调集大量资金购买大批菜牛和肉猪饲养起来。过了不久，墨西哥的瘟疫果然传到了美国这两个州，市场肉价立即飞涨。时机成熟了，他大量售出菜牛和肉猪，净赚百万美元。

第三个故事：

19 世纪美国加州发现金矿的消息使得数百万人涌向那里淘金。17 岁的小女孩雅木尔也加入了这个行列。一时间加州的淘金者面临着水源奇缺的威胁。人们大多数都没有淘到金，小雅木尔也未淘到金。可细心的小雅木尔却发现，远处的山上有水。她在山脚下挖沟引渠，积水成塘，然后，她将水装进小桶里，每天跑几十里路卖水，不再去淘金，做没有成本的买卖，生意极好，可淘金者当中有不少人嘲笑她。许多年过去了，大部分淘金者空手而归，而雅木尔却获得了 6700 美元，成为当时很富有的人。

任何危机都蕴藏着新的机会，这是一条颠扑不破的人生真理。很多时候看起来毫无价值的信息，在会思考的人心中就是一个好机会。受苦的人会把不幸当成人生的痛苦，而积极向上的人总是能把苦难当成自己飞得更高的财富。

随时为机遇做好热身

许多人坐等机会，希望好运从天而降，这些人往往难成大事。成功者积极准备，一旦机会降临，便能牢牢地把握。机遇对于每个人来说，没有彩排，只有直播，你没有把握住的话，只能等着机遇流失。

当机遇到来时，如果你没有提前为机会做好准备，就会将它习惯性地丢掉，与它失之交臂。这样说来，其实生活中不是机遇少，只是我们对机遇视而不见。

这就和许多发明创造一样，看起来是偶然，其实那些发现和发明并非偶然得来的，更不是什么灵机一动或运气极佳。事实上，在大多数情形下，这些在常人看来纯属偶然的事件，不过是从事该项研究的人长期苦思冥想的结果。

人们常常引用苹果砸在牛顿的脑袋上，导致他发现万有引力定律这一例子，来说明纯粹偶然事件在科学发现中的巨大作用。但人们却忽视了，多年来，牛顿一直在为重力问题苦苦思索、研究这一现象的艰辛过程。苹果落地这一常见的日常生活现象，之所以为常人所不在意而能激起牛顿对重力问题的理解，能激起他灵感的火花并进一步做出异常深刻的解释，是因为牛顿对重力问题有深刻的理解的结果，并不是单纯依赖于偶然。生活中，成千上万个苹果从树上掉下来，却很少有人能像牛顿那样引发出深刻的物理定律出来。

同样，从普通烟斗里冒出来的五光十色像肥皂泡一样的小泡泡，这在常人眼里就跟空气一样普通，但正是这一现象使杨格博士创立了著名的光干扰原理，并由此发现了光衍射现象。

人们总认为伟大的发明家总是论及一些十分伟大的事件或奥秘，其实像牛顿和杨格以及其他许多科学家，他们都是研究一些极普通的现象。他们的过人之处在于能从这些人所共见的普遍现象中揭示其内在的、本质的联系，而这些都是凭着他们的全力以赴钻研得来的。只有这样为机遇做好了充分的准备，才能发现机遇，进而更好地抓住机遇。

所罗门说过："智者的眼睛长在头上，而愚者的眼睛是长在脊背上的。"心灵比眼睛看到的东西更多。有些人走上成功之路，不乏来自偶然的机遇。然而就他们本身来说，他们确实具备了获得成功机遇的才能，所以在机遇到来时才能抓住。

好运气更偏爱那些努力工作的人。没有充分的准备和大量的汗水，机会就会眼睁睁地从身边溜走。对于机遇，它意味着需要你忍受无法忍受的艰苦和穷困，以及献身工作的漫漫长夜。只有为所从事的工作有充分的准备时，机会才会来临。

拿破仑·希尔说过，任何人只要能够定下一个明确的目标，坚守这个目标，时时刻刻把这个目标记在心中，再坚持行动，那么，必然会获得意想不到的结果。

在日常生活中，常常会发生各种各样的事，有些事使人大吃一惊，有些事却毫无惊人之处。一般而言，使人大吃一惊的事会使人倍加关注，而平淡无奇的事往往不被人所注意，但它却可能包含着重要的意义。一个有敏锐洞察力的人，他会独具慧眼，留心周围小事的重要意义。人们也不能把目光完全局限于"小事"上，而是要"小中见大""见微知著"。只有这样，才能有更多发现机遇的机会。

我们应当随时为机遇做好热身，努力向着自己的目标奋斗，为目标准备，才能够在机会来临的时候大显身手，否则在机会来临的时候自己手忙脚乱，或者不知所措，只能让机会白白地从身边溜走。人不能躺在那里等待机遇，只有事先做好充分的准备，在机遇来临时才有可能抓住机遇，获得成功。

犹豫会失去成功的机遇

令人筋疲力尽的并不是要做的事本身，而是事前事后患得患失的心态。一个失败者的最大特征就是顾虑再三，犹豫不决。

伟大的作家雨果说过："最擅长偷时间的小偷就是迟

疑，它还会偷去你口袋中的金钱和成功。"虽然我们没有100%的把握保证每一次决定都能获得成功，但是现实的情况就是等待不如决断。所以，在机会转瞬即逝的当代社会，等待就意味着"放弃"，成功者宁愿"立即失败"，也不愿犹豫不决。SAP 公司的 CEO 普拉特纳曾经说过这么一句话："我宁可做 6 个正确决定和 4 个错误决定，也不要犹豫等待。"

当恺撒大帝来到意大利的边境卢比孔河时，看似神圣而不可侵犯的卢比孔河使他的信心有所动摇。他想到，如果没有元老院的批准，任何一名将军都不允许领兵渡河进入罗马。此时他的选择只有两种——"要么毁灭我自己，要么毁灭我的国家"，最后他毅然做出决定，喊着："不要惧怕死亡！"带头渡过了卢比孔河。就是因为这一时刻的决定，世界历史随之而改变。

所以，获得成功的最有力的办法，是迅速做出该怎么做一件事的决定。排除一切干扰因素，而且一旦做出决定，就不要再继续犹豫不决，以免我们的决定受到影响。有的时候犹豫就意味着失去。

古希腊有一位哲学家，饱读经书，富有才情，很多女人迷恋他。一天，一个女子来敲他的门，说："让我做你的妻子吧！错过我，你将再也找不到比我更爱你的女人了!"哲学家虽然也很喜欢她,却回答说:"让我考虑考虑!"

哲学家犹豫了很久,终于下定决心娶那位女子。哲学家来到女人的家中,问女人的父亲:"你的女儿呢?请你告诉她,我考虑清楚了,我决定娶她为妻!"女人的父亲冷漠地回答:"你来晚了10年,我女儿现在已经是3个孩子的妈了!"

哲学家听了,几乎崩溃。后来,哲学家抑郁成疾。临终,他将自己所有的著作丢入火堆,只留下一句对人生的批注——下一次,我绝不犹豫!

所以,面对选择,一定要迅速做出决断,哪怕有可能做出错误的选择也好过犹犹豫豫。因为,机会一旦错过了,是不会再有的。

有一个小男孩,一天在外面玩耍时,发现一只不会飞的小麻雀,决定把小麻雀带回家喂养,但是想起应该先和爸爸说一声,取得他的同意。于是他想了想,决定先去找爸爸。

爸爸一听就同意了,可是等小男孩回来的时候,一只黑猫正好把地上的麻雀叼走吃了。小男孩伤心不已,暗暗下定决心:只要是自己认定的事情,决不优柔寡断。后来这位小男孩成为了电脑名人,他就是王安博士。

人生的道路上，许多机会都是转瞬即逝的。机会不等人，如果犹豫不决，很可能会失去很多成功的机遇。

犹豫拖延的人没有必胜的信念，也不会有人信任他们。果断积极的人就不一样，他们是世界的主宰。放眼古今中外，能成大事者都是当机立断之人，他们快速做出决定，并迅速执行。

在确定圣彼得堡和莫斯科之间的铁路线时，总工程师尼古拉斯拿出了一把尺子，在起点和终点之间画了一条直线，然后用不容辩驳的语气斩钉截铁地宣布："你们必须这样铺设铁路。"于是，铁路线就这样确定了。

综观历史，成功者比别人果断，比别人迅速，较别人敢于冒险。因此，能把握更多的机会，所以往往成为成功者。实际上，一个人如果总是优柔寡断，犹豫不决，或者总在毫无意义地思考自己的选择，一旦有了新的情况就轻易改变自己的决定，这样的人成就不了任何事，只能羡慕别人的成功，在后悔中度过一生！

没有机会就去创造机会

多数的成功都离不开机遇的功劳。一次机遇，往往是一个人成功的开始。因此，善于成事者总是时刻准备好与机会"较劲"。我们知道，没有人会主动给你送来机遇，机遇也不会主动来到你的身边，只有你自己去主动争取。成大事者善于这样做：有机会，抓机会；没有机会，创造机会。

常有人发如此感慨："如果给我一个机会，我也能……"他们把自己的命运系在一个等来的机会上，他们当然总也不会成功，他们可能至今仍在抱怨自己的命运，或者仍在等机会。

实际上，生活并不缺少机遇，而是缺少发现机遇和抓住机遇的素质。如果有了很高的素质，即使生活没有机遇，也能创造出机遇来。

许多拳击爱好者都看过泰森与霍利菲尔德的那些拳击争霸战。其中，泰森咬霍利菲尔德耳朵的场面，许多人看过去就算了，最多把它作为茶余饭后的谈资而已，谁能意识到这是一个发财的良机呢？你没有想到，不等于别人没有想到，美国的一个巧克力商人在泰森咬耳丑闻发生之后，赶紧推出了一种形状像耳朵的巧克力，上面缺了一个小角，象征着被泰森狠咬的霍利菲尔德的耳朵，巧克力包装上还有霍利菲尔德的照片。

此举立刻使这个牌子的巧克力备受世人关注，在诸多品牌的巧克力中脱颖而出。这个巧克力商人就这样一举发了大财。泰森咬耳丑闻，全世界十几亿人甚至几十亿人都知道，但是发现这个发财良机的只有这个美国商人。

　　抓住机遇，前提之一是必须发现机遇。生活中处处充满机遇，社会上的每一项活动，报刊上的每一篇文章，人际中的每一次交往，生活中的每一次转折，工作上的每一次得失，等等，都可能给你带来新的感受、新的信息、新的朋友，全都可能是一次选择、一次机遇、一次引导你走向成大事的契机，问题在于你自身的素质，在于你是否能发现机遇。不要以为机遇难寻，其实机遇就在我们的身边，甚至就在我们的手上。

　　现在，先停止抱怨你没有机会，仔细看看你周围到底有没有机遇。如果你发现不了，你还想成大事，那么你就要为它创造条件，让它出现。

　　美国克苏尔公司总裁查理在被问及是什么导致有机会成大事时，这样回答："在大学读书期间，我与一个从衣阿华州来的同学同住一间寝室。一天晚上，当我们一伙人团团围坐谈论生活时，他走了进来。我敢说他很兴奋，但是在大家离开前他没说什么。人们刚走，他就禁不住脱口而出：'我家发财了！我的母亲今晚打电话给我，说今天早晨，她去信箱取邮件时，发现一张票额89000美元的支票'。

"最初的惊奇之后，我的反应是难以掩饰的嫉妒。我向他了解事情的全部经过。他说：'我了解的也不够确切，但是我猜测是这么一回事：我父亲在 30 年代经济萧条时买了一些股票，后来全忘了。最近这家公司正好拍卖了，这钱应该就是他的份子。'

"那个晚上我躺在床上，很久睡不着，在想：为什么这事发生在他家里，而不是我家里？为什么是他得到了钱而不是我得到了钱？最后，我试图系统地分析这件事。我想：在我的生活中有什么机会可能给我带来这样一笔横财呢？我悲哀地意识到什么机遇也没有。我没有能增值的股票，而且，据我所知，我家也没有。我既没有一块或许会突然发现储藏石油的土地，也没有可能被证明是名作的藏画；我也没有什么才能能让人在一个夜晚奇迹般地发现了，从而一举成名；我还没有任何能使我马上发迹的东西。

"躺在床上，我默默告诫自己：'查理，假如你希望在你的生活中也获得那样的机遇，你必须播种，而且最好多播种，因为你尚不清楚哪一粒种子会发芽。'从那以后，我一直在播种。有几粒种子已发芽了，因此我才有今天这样的境况。"

像查理这样的人才是与机遇较劲的计划者。他们通过播种，在自己的生活中取得成大事的机会。俗话说"种瓜得瓜，种豆得豆""一分耕耘，一分收获"，如果你想体味收获的惊喜，那么不要徒羡别人的运气，以后你想得到什么，现在就开始为将来的收获播种吧。

与其临渊羡鱼，不如退而结网，羡慕别人只会徒劳伤神，与其这样，还不如积极投身进去，成为一个"打鱼者"，那样至少有机会成为成功者。

渴望成功才有成功的机会

心界决定一个人的世界。只有渴望成功，你才能有成功的机会。

《庄子》开篇的文章是"小大之辩"。说北方有一个大海，海中有一条叫作鲲的大鱼，宽几千里，没有人知道它有多长。鲲化为鸟叫作鹏。它的背像泰山，翅膀像天边的云，飞起来，乘风直上九万里的高空，超绝云气，背负青天，飞往南海。

蝉和斑鸠讥笑说："我们愿意飞的时候就飞，碰到松树、檀树就停在上边；有时力气不够，飞不到树上，就落在地上，何必要高飞九万里，又何必飞到那遥远的南海呢？"

那些心中有着远大理想的人常常不能为常人所理解，就像目光短浅的麻雀无法理解大鹏鸟的志向，更无法想象大鹏鸟靠什么飞往遥远的南海。因而，像大鹏鸟这样的人必定要比常人忍受更多的艰难曲折，忍受心灵上的寂寞与孤独。因而，他们必须要坚强，把这种坚强潜移到远大志向中去，这就铸成了坚强的信念。这些信念熔铸而成的理想将带给大鹏一颗伟大的心灵，而成功者正脱胎于这些伟大的心灵。

本·侯根是世界上最伟大的高尔夫选手之一。他并没有其他选手那么好的体能，能力上也有一点缺陷，但他在坚毅、决心，特别是追求成功的强烈愿望方面高人一筹。

本·侯根在玩高尔夫球的巅峰时期，不幸遭遇了一场灾难。在一个有雾的早晨，他跟太太维拉丽开车行驶在公路上，当他在一个拐弯处掉头时，突然看到一辆巴士的车灯。本·侯根想这下可惨了，他本能地把身体挡在太太面前保护她。这个举动反而救了他，因为方向盘深深地嵌入了驾驶座。事后他昏迷不醒，过了好几天才脱离险境。医生们认为他的高尔夫生涯从此结束了，甚至断定他若能站起来走路就很幸运了。

但是他们并未将本·侯根的意志与需要考虑进去。他刚能站起来走几步，就渴望恢复健康再上球场。他不停地练习，并增强臂力。起初他还站得不稳，再次回到球场时，也只能在高尔夫球场蹒跚而行。后来他稍微能工作、走路，就走到高尔夫球场练习。开始只打几球，但是他每次去都比上一次多打几球。最后，当他重新参加比赛时，名次上升得很快。

理由很简单，他有必赢的强烈愿望，他知道他会回到高手之列。是的，普通人跟成功者的差别就在于有无这种强烈的成功愿望。

成功学大师卡耐基曾说："欲望是开拓命运的力量，有了强烈的欲望，就容易成功。"因为成功是努力的结果，而努力又大都产生于强烈的欲望。正因为这样，强烈的创富欲望，便成了成功创富最基本的条件。如果你不想再过贫穷的日子，就要有创富的欲望，并让这种欲望时时刻刻激励你，让你向着这一目标坚持不懈地前进。许多成功者有一个共同的体会，那就是创富的欲望是创造和拥有财富的源泉。

20世纪人类的一项重大发现，就是认识到思想能够控制行动。你怎样思考，你就会怎样去行动。你要是强烈渴望致富，你就会调动自己的一切能量去创富，使自己的一切行动、情感、个性、才能与创富的欲望相吻合。

对于一些与创富的欲望相冲突的东西，你会竭尽全力去克服；对于有助于创富的东西，你会竭尽全力地去扶植。

这样，经过长期努力，你便会成为一个富有者，使创富的愿望变成现实。相反，你要是创富的愿望不强烈，一遇到挫折，便会偃旗息鼓，将创富的愿望压抑下去。

保持一颗渴望成功的心，你就能获得成功。